MINISTÈRE DE LA MARINE

COMPLÉMENT

DU

COURS D'ÉLECTRICITÉ

PAR M. H. LEBLOND

AGRÉGÉ DE L'UNIVERSITÉ
PROFESSEUR D'ÉLECTRICITÉ À L'ÉCOLE DES OFFICIERS TORPILLEURS

PARIS

IMPRIMERIE NATIONALE

1900

COMPLÉMENT

DU

COURS D'ÉLECTRICITÉ

MINISTÈRE DE LA MARINE

COMPLÉMENT

DU

COURS D'ÉLECTRICITÉ

PAR M. H. LEBLOND

AGRÉGÉ DE L'UNIVERSITÉ

PROFESSEUR D'ÉLECTRICITÉ À L'ÉCOLE DES OFFICIERS TORPILLEURS

PARIS

IMPRIMERIE NATIONALE

1900

COMPLÉMENT

DU

COURS D'ÉLECTRICITÉ.

TITRE PREMIER.

DYNAMOS ÉLECTRIQUES NOUVELLES.

§ 1er. — Nouvelles machines électriques à électro-aimants inducteurs supplémentaires redresseurs du champ.

Généralités. — Lorsqu'une dynamo est employée en régime variable, le calage des balais doit être, en général, modifié à mesure que varie l'intensité du courant débité par la dynamo. Si le service particulier auquel est assujettie cette dynamo entraîne des variations d'intensité, à la fois considérables et se produisant très fréquemment, soit dans le sens de l'augmentation, soit dans le sens de la diminution, il sera difficile à l'homme chargé du calage des balais de suivre assez rapidement ces variations, dont il n'est pas prévenu, pour éviter, d'une manière régulière, les étincelles du collecteur. C'est le cas, en particulier lorsque la dynamo alimente les moteurs électriques du service de l'Artillerie, à bord des navires. Ces moteurs sont puissants et nombreux; ils sont mis en route et stoppés fréquemment, pour le pointage des canons, ou la montée des munitions; chaque mise en route de l'un d'eux exige d'ailleurs, en outre, un courant de *démarrage* bien supérieur au courant normal suffisant, quelques instants après, à entretenir la marche du moteur.

On a donc été, très naturellement, conduit à combiner, pour le service particulier de l'Artillerie, des dynamos dont le calage des balais pût rester fixe, malgré les variations du courant débité.

Puisque le décalage des balais est dû, dans une dynamo ordinaire, à la distorsion du champ magnétique inducteur provoquée par le flux de force transversal développé par le courant passant dans les fils de l'induit, on devra, pour éviter que les variations du courant débité par la dynamo n'entraînent des variations du décalage des balais, ou bien :

1° Rendre très faible, même pour un courant intense, l'effet perturbateur du flux transversal de l'induit, fauteur de la distorsion, ou bien :

2° Combattre cet effet perturbateur, faible ou non, par un effet contraire.

Le premier remède est aujourd'hui couramment employé dans les bonnes dynamos; on rend le flux transversal faible, par rapport au flux inducteur principal en exagérant la masse des inducteurs par rapport à celle de l'induit, et ensuite en introduisant, sur le parcours du flux transversal, une résistance magnétique supplémentaire par un amincissement des masses polaires (*type Manchester*), et même par une coupure complète de ses masses polaires faite normalement aux lignes de forces transversales.

Ces deux moyens, concurremment employés avec intelligence, peuvent suffire, dans une dynamo bien proportionnée, à donner le résultat cherché, à savoir, un calage fixe des balais, avec des débits très variables, sans grosses étincelles au collecteur.

Mais on peut aussi avoir recours au second remède signalé plus haut et voici ce que ses partisans donnent comme argument principal en sa faveur.

Il est très vrai, disent-ils, que l'emploi d'inducteurs très développés par rapport à l'induit constitue un moyen très efficace, et surtout très simple, pour combattre les étincelles et peut, dans certaines conditions, être la solution du problème de la fixité du calage des balais; mais on aura ainsi une dynamo lourde, dont la puissance spécifique sera faible. En combattant directement le flux transversal perturbateur du champ, on n'aura plus besoin d'inducteurs exagérés; l'induit pourra proportionnellement être augmenté et la dynamo sera moins pesante, pour la même puissance.

Nous n'avons pas ici à justifier ni à combattre cet argument. La question de la puissance spécifique d'une dynamo est fort complexe; elle dépend, en particulier, pour beaucoup, en outre des proportions de l'inducteur et de l'induit, de l'efficacité du refroidissement de la dynamo en marche, par sa ventilation naturelle ou d'autres moyens. Le mode de construction de l'induit peut permettre aussi à la dynamo de supporter un régime et, par suite, une température exagérée. Une dynamo destinée à un service intermittent peut d'ailleurs être construite plus légèrement, mécaniquement et électriquement, quel que soit son type, qu'une dynamo devant marcher d'une manière continue pendant longtemps; la comparaison des poids de deux dynamos, n'est, par suite, légitime, que si elles peuvent développer la même puissance, à la même vitesse, sous la même différence de potentiel, pendant un temps suffisamment long, égal pour toutes deux.

Il peut d'ailleurs arriver que l'avantage d'une plus grande puissance spécifique soit compensé par une complication plus grande et un prix plus élevé.

Quoi qu'il en soit, plusieurs systèmes ont déjà été proposés pour combattre le flux transversal perturbateur de l'induit; MM. Sautter et Harlé ont recours, dans leurs nouvelles dynamos, à des électro-aimants inducteurs supplémentaires redresseurs du champ. Ce sont ces nouvelles machines que nous allons décrire; elle sont aujourd'hui le plus souvent installées à bord des navires. Bien que l'idée de leur construction ait été principalement suggérée par les nécessités particulières du service électrique de l'Artillerie, elles sont aussi employées, sur quelques navires, pour le service de l'éclairage.

Nous allons successivement étudier le rôle général des électro-aimants redresseurs du champ, puis les inducteurs des dynamos Sautter et Harlé dans leur ensemble et enfin l'induit de ces dynamos.

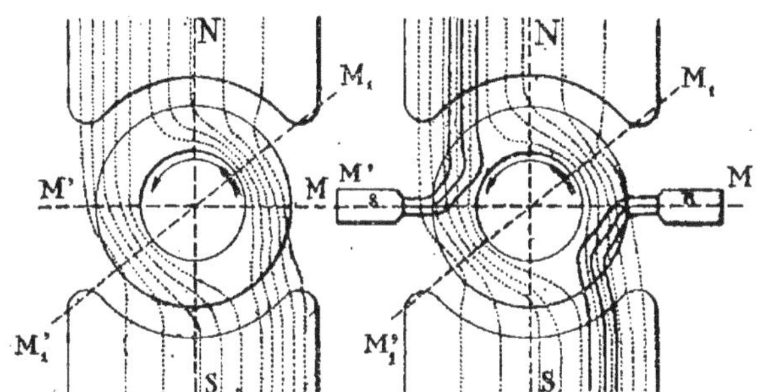

Fig. 1. — Distorsion du champ inducteur dans une dynamo.

Fig. 2. — Action des pôles supplémentaires redresseurs du champ.

Électro-aimants redresseurs du champ. — Nous avons, dans la figure 1, représenté le champ magnétique inducteur d'une dynamo bipolaire, type Gramme, en fonction. Les lignes de force du champ sont soumises à une distorsion, due au flux transversal produit par les pôles développés, dans l'induit tournant dans le sens de la flèche. Le plan de commutation, plan du maximum du flux dans les spires de l'induit, devient le plan $M_1 M'_1$, en avance sur le plan théorique MM′ primitif.

Si l'on vient à placer dans le plan MM′ deux électro-aimants supplémentaires présentant des pôles *ns*, intermédiaires entre les pôles

1.

principaux NS (*fig.* 2), ces électro-aimants supplémentaires produisent un champ dont les lignes de force sont représentées en traits pleins, les lignes de force du champ inducteur primitif étant représentées en pointillé. On voit qu'il résulte de la superposition des deux champs une augmentation du champ primitif à gauche et en haut, ou à droite et en bas, et par conséquent un redressement de ce champ. Avec des électro-aimants complémentaires de puissance convenable, on peut redresser complètement le champ et faire que le maximum du flux dans l'induit coïncide exactement avec le plan MM′ normal aux pôles inducteurs NS. L'angle de calage des balais est alors nul.

Puisque la distorsion du champ primitif varie avec le débit de la dynamo, l'action de redressement des électro-aimants auxiliaires doit également varier avec ce débit, ils doivent donc être excités par le courant principal extérieur.

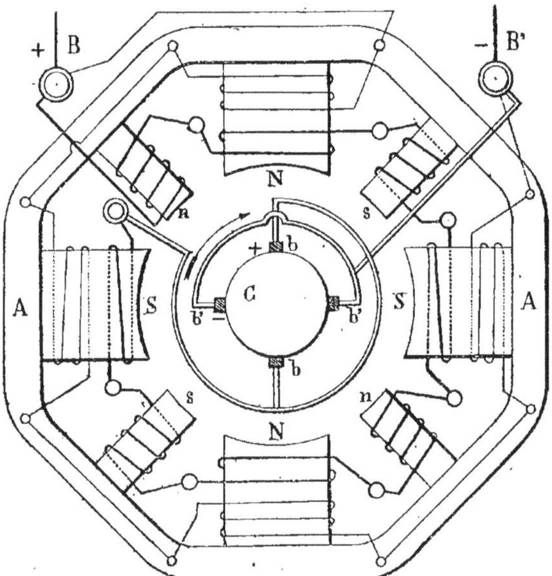

Fig. 3. — Enroulement des inducteurs d'une dynamo à quatre pôles et à pôles redresseurs (type M. 24, *Sautter et Harlé*).

Inducteurs des nouvelles dynamos. — Les nouvelles dynamos Sautter et Harlé ont généralement des inducteurs à 4 ou 6 pôles principaux avec, entre deux pôles principaux, un pôle supplémentaire redresseur.

La figure 3 représente schématiquement un inducteur à 4 pôles principaux et 4 pôles supplémentaires.

Les électro-aimants principaux NSNS et les électro-aimants redresseurs *nsns* sont fixés au pourtour d'une carcasse polygonale en fonte d'acier doux AA.

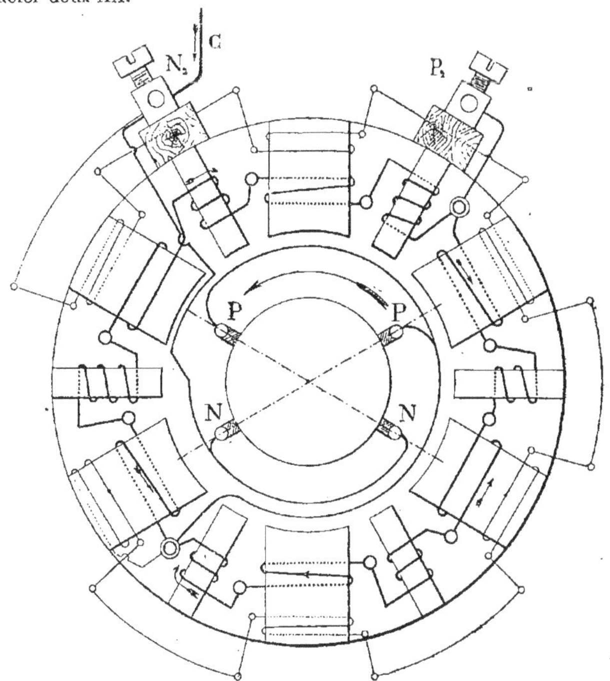

Fig. 4. — Enroulement des inducteurs d'une dynamo à six pôles et à pôles redresseurs (type R, *Sautter et Harlé*).

L'induit C est supposé tourner dans le sens de la flèche. Les premiers modèles de ces dynamos n'avaient que deux balais $b +$ et $b' -$, à 90° l'un de l'autre environ, comme il convient puisque la dynamo est à quatre pôles; depuis, on a placé quatre balais reliés deux à deux, comme la figure l'indique. De plus ces balais, primitivement en toile métallique, sont maintenant en charbon. Nous ferons remarquer enfin que ces balais, qui, théoriquement, devraient appuyer sur le collecteur C en face des pôles redresseurs, sont en face des pôles principaux. Cela tient à la construction spéciale de l'induit et au genre de connexions avec le collecteur, comme nous le verrons plus loin.

L'excitation des électro-aimants principaux est compound. Le fil fin part d'une des bornes, s'enroule successivement sur les quatre électro-aimants et vient aboutir à la borne correspondant à l'autre balai. L'excitation est donc en *longue dérivation.*

Le gros fil est intercalé entre un des balais *b* et la borne B correspondante; il s'enroule successivement sur les 4 électro-aimants principaux et, en même temps, sur les 4 électro-aimants supplémentaires, qui, comme nous l'avons dit, doivent avoir une excitation variable avec le courant extérieur. Le gros fil est souvent constitué par une lame de cuivre ne faisant que quelques tours.

Nous avons ici supposé en tension tous les enroulements de gros fil. Il est bien évident que les 8 enroulements peuvent être divisés, par exemple, en deux séries parallèles mises en quantité et comprenant chacune 2 électro-aimants principaux et 2 électro-aimants supplémentaires, comme dans les dynamos d'un type quelconque. Comme nous l'avons montré dans le cours, la disposition particulière n'a aucune importance et peut se vérifier sur place.

La figure 4 représente schématiquement le système inducteur d'une dynamo à 6 pôles du *Jauréguiberry*. Ici, précisément, les 12 enroulements de gros fil sont partagés en deux séries de 6 parallèles; le schéma de la figure est exact et conforme à l'enroulement des machines réellement construites.

On remarquera, de plus, qu'il y a ici 4 balais à 60° réunis deux à deux. Il pourrait y en avoir 6 réunis trois à trois. Ces balais sont encore en charbon.

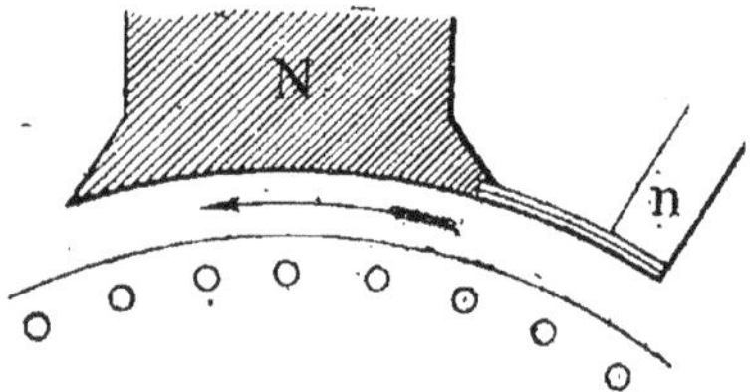

Fig. 5. — Liaison magnétique des pôles principaux et redresseurs dans une dynamo (type B).

Une particularité de l'ensemble inducteur des dynamos du *Jauréguiberry* est la suivante :

Les électro-aimants supplémentaires, au lieu d'avoir, comme dans les dynamos à 4 pôles, leurs pôles parfaitement distincts de leurs électro-aimants principaux, sont réunis à ceux-ci par des appendices formés de lames de tôle. La figure 5 montre cette liaison.

La raison de cette disposition, c'est qu'on a reconnu, pendant la construction, que les électro-aimants supplémentaires ne pouvaient, avec les dimensions et la forme qu'on leur avait données, corriger exactement le décalage des balais pour toutes les intensités du courant. Ces électro-aimants supplémentaires, munis d'un enroulement capable de produire une correction exacte pour un débit moyen de la dynamo, corrigeaient trop pour de plus grandes intensités et pas assez pour les plus faibles. Les lames de tôle réunissant les extrémités des électro-aimants supplémentaires aux pièces polaires armant les électro-aimants principaux qui les précèdent, ont pour effet de diminuer le flux redresseur lors des grandes intensités et de l'augmenter pour les petites.

Induits des nouvelles dynamos. — Bien que les pôles redresseurs du champ puissent être employés avec n'importe quel système d'induit et que de nombreux moteurs électriques à pôles redresseurs et à induit Gramme soient en usage dans la marine (voir *Moteurs électriques*, pages 180 et 380), les nouvelles dynamos *Sautter et Harlé*, que nous décrivons ici, sont du type *Siemens multipolaire*, ou mieux du type *Brown*.

Dans les dynamos à 4 pôles, le noyau de fer cylindrique de l'induit, formé de feuilles de tôle superposées, est denté. Dans chaque rainure séparant deux dents est encastrée, suivant une génératrice du cylindre, une barre de cuivre isolée du noyau; il y a ainsi, dans certaines dynamos, 138 dents et barres de cuivre équidistantes. Dans d'autres, le nombre des barres est égal à 146 et même à 178.

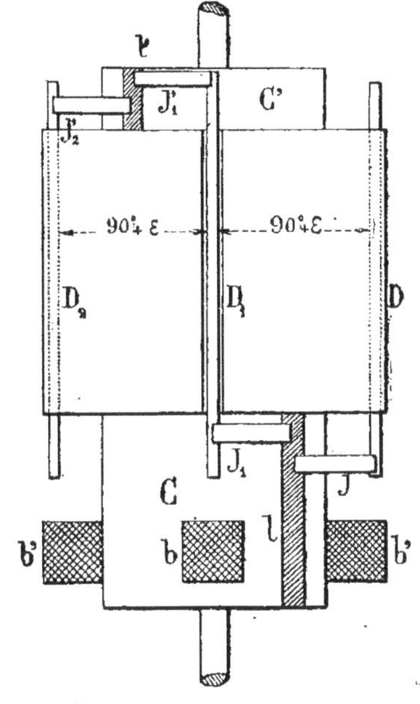

Fig. 6. — Mode d'enroulement de l'induit d'une dynamo Brown à pôles redresseurs.

D'un côté de la dynamo, se trouve un *collecteur*, de la forme ordinaire, qui sert en même temps à établir les liaisons entre les barres de l'induit et à recevoir les balais. De l'autre côté existe aussi une sorte de collecteur, mais bien plus court, dont le but unique est de servir aux liaisons des barres entre elles ; il n'a aucun rôle physiologique dans le fonctionnement de la dynamo, et sa présence n'est justifiée que par l'impossibilité où l'on était de replier les barres de l'induit après leur passage dans une dent, pour les faire repasser dans une autre. Nous le désignerons par le nom de *faux collecteur ;* on l'appelle aussi *connecteur*.

Chaque barre D_1 est, en effet, à une extrémité reliée électriquement par le vrai collecteur avec la barre D, placée à droite, par exemple, sur le cylindre, à une distance angulaire de $90° + \varepsilon$ (l'angle ε étant ici égal à la moitié de l'intervalle séparant deux barres consécutives).

A l'autre extrémité, la même barre D_1 est reliée, par le faux collecteur, avec la barre D_2, placée à gauche, à $90° + \varepsilon$. La figure 6 représente ces communications alternées, vues par-dessus.

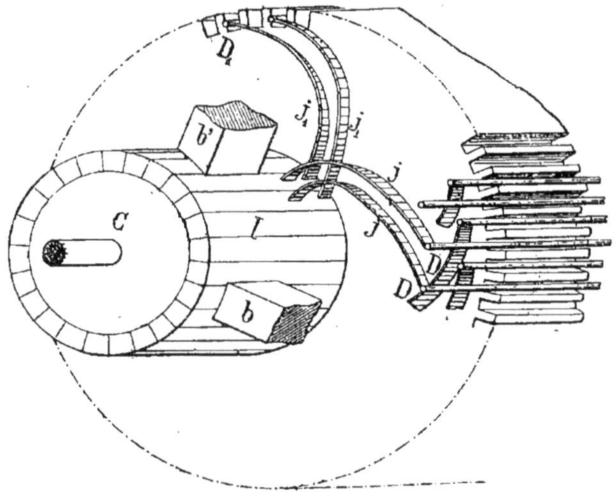

Fig. 7. — Liaisons au collecteur des barres de l'enroulement dans une dynamo à pôles redresseurs.

Les jonctions j, j_1, j'_1, j'_2 sont constituées par des lames de cuivre, encastrées d'une part dans une fente des barres longitudinales de l'induit D, D_1, D_2, d'autre part dans les lames l du vrai collecteur C ou l' du faux collecteur C′. De ces jonctions, les unes j et j'_1 sont incurvées dans un sens, les autres j_1 et j'_2 dans l'autre sens, et elles sont placées dans deux plans verticaux différents, comme le montre la figure 6, de manière que bien qu'elles soient nues, aucune autre communication ne puisse se produire que celles voulues. Il faut, en effet, bien avoir présent à l'esprit qu'entre les barres D, D_1 et D_2 sont placées d'autres barres qui, elles aussi, sont réunies entre elles et aux lames des collecteurs et qui ne doivent pas être en communication directe avec les barres D, D_1, D_2.

La figure 7 montre les jonctions des barres de l'induit entre elles et avec le collecteur du côté *du vrai collecteur;* elles sont établies de la même manière du côté du faux collecteur.

Lorsque toutes les liaisons entre les barres de l'induit ont été effectuées, soit du côté du vrai collecteur, soit du côté du faux collecteur, l'ensemble forme un un circuit fermé qu'on peut se représenter comme un zigzag formé à la surface du cylindre, en passant d'une génératrice à l'autre, distante de $90°+\varepsilon$, et dont le commencement se trouve, par construction, superposé à la fin.

On pourra embrasser l'ensemble de l'enroulement en projetant sur un plan vertical perpendiculaire à l'axe de rotation les barres de l'induit et le collecteur vrai, ainsi que les jonctions de ce collecteur aux barres et supposant rabattues sur ce plan, à la périphérie de cette projection, les jonctions avec le faux collecteur et les lames de ce faux collecteur lui-même.

La figure 8 représente le résultat d'un pareil travail.

En l sont les lames du vrai collecteur, au nombre de 69 ; en l' sont les lames du faux collecteur, également au nombre de 69; en D, D_1, D_2, les barres de l'induit vues par une extrémité; j, j_1 sont les jonctions du côté du vrai collecteur; j'_2, j'_1 sont les jonctions du côté du faux collecteur supposé à l'Æ de la dynamo, tandis que le vrai collecteur est en Æ.

Considérons, par exemple, l'extrémité d'une barre quelconque D; par la jonction j, elle est réunie à la lame l du vrai collecteur (comparez les figures 8 et 6). De là, par la jonction j_1, on gagne l'extrémité Æ de la barre D_1 à $90°+\varepsilon$, on parcourt cette barre de l'Æ à l'Æ et, par la jonction j'_1, on gagne la lame l' du faux collecteur. Puis, par la jonction j'_2, on va à la barre D_2, à $90°+\varepsilon$ de D_1, du côté de l'Æ; on parcourt cette barre de l'Æ à l'Æ en revenant du côté du vrai collecteur et ainsi de suite, en décrivant un zigzag de $90°+\varepsilon$ d'ouverture. Après avoir décrit ainsi un certain nombre de circonférences, on reviendra au point de départ, en D, fermant ainsi le circuit; toutes les barres et les jonctions auront, du reste, été alors parcourues.

On peut d'ailleurs se rendre compte aisément du fonctionnement de cette dynamo. Nous avons indiqué sur la figure 8, par les plans diamétraux XY, X'Y', la séparation des champs inducteurs produits par les 4 électro-aimants principaux NSNS; le mouvement de l'induit est supposé s'effectuer dans le sens de la flèche *f*.

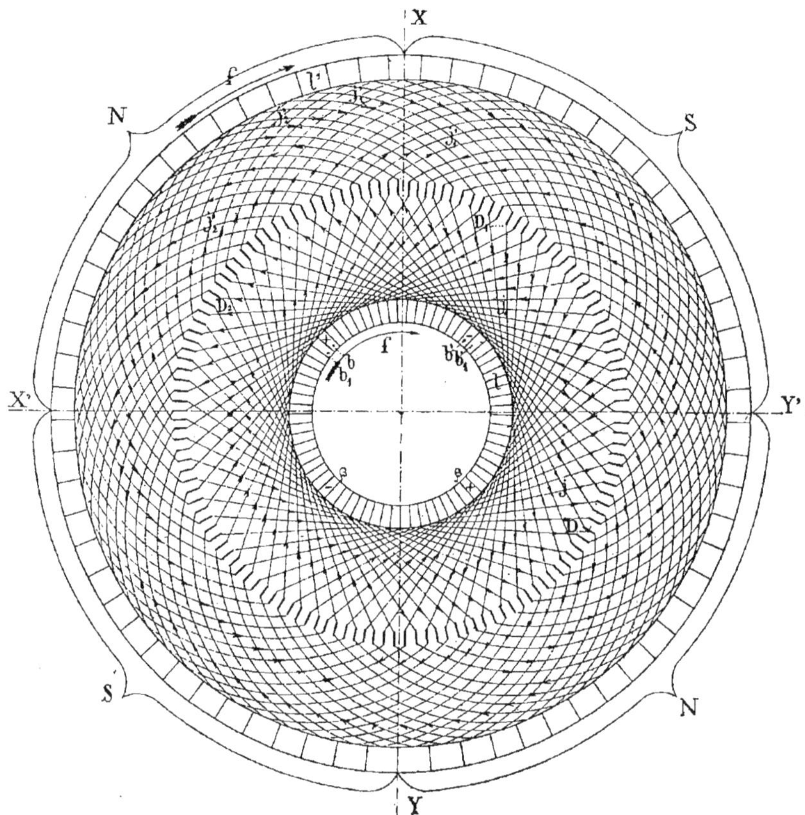

Fig. 8. — Schéma de l'enroulement de l'induit dans une dynamo à pôles redresseurs (type M 50).

On pourra appliquer la *loi de la boucle* à une boucle quelconque formée, par exemple, par les deux barres horizontales D_2 et D_1 réunies à l'Æ par les jonctions j'_1 et j'_2. Les lignes de force sont normales au cylindre induit. Si nous considérons le champ fourni par l'électro-aimant N placé à gauche, nous voyons que le flux de force embrassé par la boucle $D_2 j'_2 j'_1 D_1$ diminue pendant le mouvement.

Le courant y aura donc le sens inverse des aiguilles d'une montre en regardant la boucle de l'intérieur du cylindre, c'est ce sens du courant qui est indiqué par les flèches placées sur les jonctions j'_1, j'_2, dans l'impossibilité où l'on est de les représenter sur les barres D_2 et D_1; mais, dans la barre D_2, le courant va alors de l'AV à l'AR et il va de l'AR à l'AV dans la barre D_1.

Pareillement, dans la boucle $D_1 j_1 j D$, formée par les barres horizontales D_1 et D, et les jonctions de l'AV j_1 et j, le flux de force fourni par l'électro-aimant S de droite diminue, le courant ira en sens inverse des aiguilles d'une montre quand on regardera la boucle du côté de S, c'est-à-dire de l'extérieur; c'est ce sens qui est indiqué dans les jonctions j_1 et j. Dans la barre D_1, le courant ira encore de l'AR à l'AV; il ira de l'AV à l'AR dans la barre D.

On pourrait aussi employer une des règles quelconques qui permettent de trouver le courant induit développé dans une des barres coupant les lignes de force d'un champ à angle droit. (Voir *Cours d'électricité,* tome I.)

Quelle que soit la façon d'opérer pour trouver le sens du courant dans une boucle séparée ou dans une des barres, le résultat général obtenu sera celui représenté par la figure 8.

On voit, sur cette figure, que si l'on part de la lame b'_- du collecteur, en suivant l'une des jonctions aboutissant à cette lame, on arrive sur la lame b_+, placée à $90° + 2\varepsilon$ de la première, après avoir parcouru 68 barres de l'induit et les jonctions correspondantes, toujours en suivant le sens du courant; en suivant l'autre chemin au départ de la lame b'_- du collecteur, on arrive encore à la lame b_+, après avoir parcouru 70 barres du collecteur, en suivant toujours le sens du courant. L'induit se divise donc en deux parties mises en quantité sur les lames b et b' du collecteur. Si l'on s'arrêtait à la lame b_1 du collecteur voisin de b, on aurait 70 barres pour le premier parcours et 68 pour l'autre.

Afin de mieux égaliser les deux parties de l'induit mises en quantité, il conviendra de faire porter les balais non pas sur la lame b ou b_1, mais sur les deux lames à la fois. Il faudra naturellement en faire autant pour le balai négatif portant en b'. Il devra appuyer à la fois sur b' et b'_1.

Dans les premiers modèles (*Carnot*), les balais, en toile métallique, étaient composés de plusieurs parties indépendantes montées en quinconce, de façon à ne pas porter ensemble sur la même lame du collecteur, mais bien sur trois lames consécutives.

La figure 8 montre d'ailleurs que les balais pourraient être tout aussi bien placés en β_+ et β'_-. Aussi les machines actuelles portent-elles quatre balais réunis naturellement deux à deux.

L'induit des dynamos du *Jauréguiberry* est construit d'une manière analogue. Comme il y a 6 pôles inducteurs principaux, les barres de l'induit sont reliées de $60° + \varepsilon$ en $60° + \varepsilon$, au lieu de $90° + \varepsilon$ comme dans les dynamos précédentes; nous ajouterons, de plus, que les barres de l'induit, au lieu d'être placées dans les dents ou rainures longitudinales du noyau en fer, traversent ce noyau dans des trous périphériques.

Le nombre des lames, au collecteur, est pair dans ces dynamos; l'enroulement en est rendu plus symétrique.

Il y a six positions pour les balais, à 60° l'une de l'autre; trois positions à 120° correspondant au balai positif, et les trois autres au balai négatif. Dans les dynamos du *Jauréguiberry* on a placé des balais à quatre des positions seulement; ces balais sont réunis deux à deux (*fig.* 4).

Données numériques. — Plusieurs modèles de dynamos à pôles redresseurs et enroulement Brown sont en service dans la Marine. D'abord le modèle à 6 pôles du *Jauréguiberry* se distingue des modèles à 4 pôles par les particularités que nous avons indiquées. Ensuite, on a établi plusieurs modèles à 4 pôles, différant par leur puissance électrique. Le tableau suivant renferme les caractéristiques principales de ces divers modèles

DÉSIGNATION du TYPE.	NOMBRE des PÔLES inducteurs.	NOMBRE des BARRES de l'induit.	DIFFÉRENCE de POTENTIEL normale.	INTENSITÉ MAXIMUM normale.	VITESSE APPROXIMATIVE en tours par minute.	BÂTIMENTS POSSÉDANT DES DYNAMOS de l'espèce.
			volts.	ampères		
R..........	6	//	80	900	300	JAURÉGUIBERRY.
M 24.......	4	178	80	300	350	D'ENTRECASTEAUX.
M 32.......	4	146	80	400	325	BOUVET, CATINAT, DU CHAYLA, PASCAL, CHÂTEAURENAULT.
M 50.......	4	138	80	625	325	CARNOT, MASSÉNA, GUICHEN, D'ENTRECASTEAUX, DUPETIT-THOUARS, JEANNE-D'ARC, HENRI-IV.
M 67.......	4	//	80	800	300	CHÂTEAURENAULT, ST-LOUIS.

§ 2. — Dynamos duplex Bréguet.

Généralités. — On désigne sous le nom de *dynamos duplex Bréguet* des dynamos construites par la maison Bréguet, à induit Gramme, et dont les inducteurs forment quatre pôles. Ces dynamos duplex ressembleraient donc aux dynamos duplex de la maison Sautter et Harlé (voir le *Cours d'électricité,* tome III), n'était la disposition spéciale des électro-aimants inducteurs.

Inducteurs. — Les électro-aimants inducteurs EE' sont au nombre de deux seulement; ils sont horizontaux et présentent en regard deux pôles de même nom; deux pôles N par exemple (*fig. 9*). Les deux autres pôles S sont fournis par des masses polaires M, réunissant les culasses CC des électros. L'ensemble des masses polaires M et des culasses C constitue une enveloppe protectrice pour la dynamo.

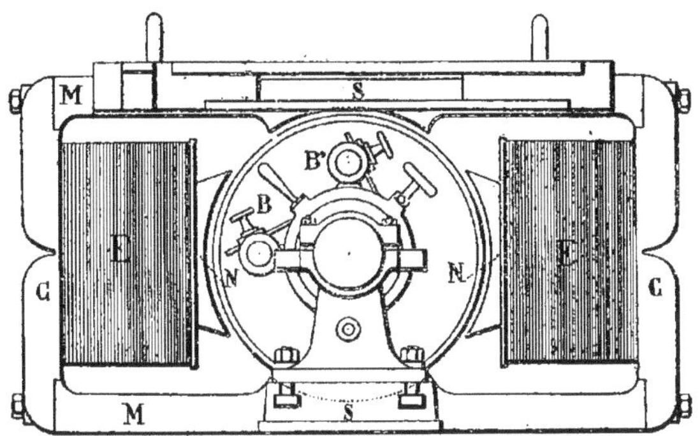

Fig. 9. — Forme générale d'une dynamo duplex *Bréguet.*

L'excitation des inducteurs est compound.

Dans certains modèles, comme les dynamos du *Cassard,* par exemple, l'enroulement des fils inducteurs est assez compliqué, sans que nous ayons pu connaître la raison de cette complication.

La figure 10 représente schématiquement les entrées et les sorties des fils gros (*en série*) et des fils fins (*en dérivation*).

Les gros fils des deux électro-aimants EE' sont en quantité entre un balai et la borne correspondante. A cet effet, le balai négatif *b'* est relié, par un câble flexible, à une barre de contact A' placée sur la masse polaire supérieure. De cette barre partent simultanément deux gros fils qui s'enroulent parallèlement sur les deux électro-aimants, et qui, à leur sortie, aboutissent à une seconde barre A. Sur cette barre A est fixée la borne négative N du circuit extérieur; d'autre part, la borne positive P est reliée directement par un conducteur flexible au second balai $b+$.

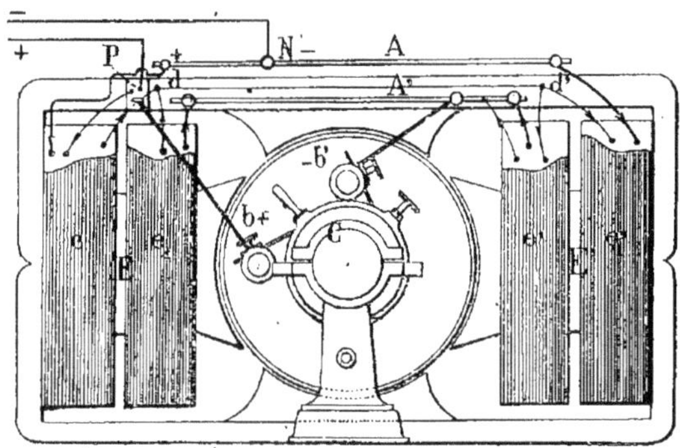

Fig. 10. — Aboutissements des fils inducteurs dans une dynamo duplex *Bréguet* (type *Cassard*).

Quant au fil fin, partant de la borne P, reliée au balai positif $b+$, il s'enroule d'abord sur une première bobine e constituant l'électro-aimant E, puis sur une deuxième bobine e_1 de ce même électro; à la

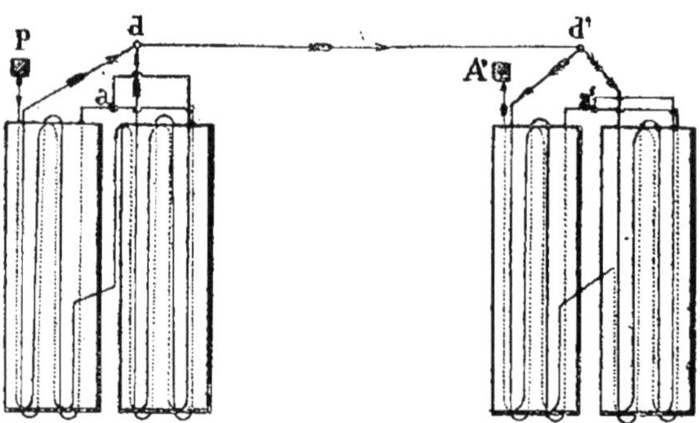

Fig. 11. — Enroulement du fil fin des inducteurs dans une dynamo duplex *Bréguet* (type *Cassard*).

sortie de cette deuxième bobine, en a, le fil fin se partage en deux et chacun des brins parallèles s'enroule encore sur une des deux bobines e et e_1; à leur sortie, les deux brins se réunissent encore au point d: on passe alors au deuxième électro-aimant E'. Le fil fin, partagé en deux branches, s'enroule parallèlement sur chacune des bobines e' et e'_1 constituant cet électro-aimant; puis les deux branches se réunissent en un seul fil en a' s'enroulant successivement sur les deux bobines e' et e'_1; enfin le fil aboutit à la bande A' reliée au balai négatif b'_-.

La figure 11 montre d'ailleurs plus complètement l'enroulement du fil fin, avec sa division aux points a, d, d', a'.

Induit. — L'induit de ces dynamos est du type Gramme, sans particularité.

Données numériques. — Deux modèles de ces dynamos sont en service dans la Marine.

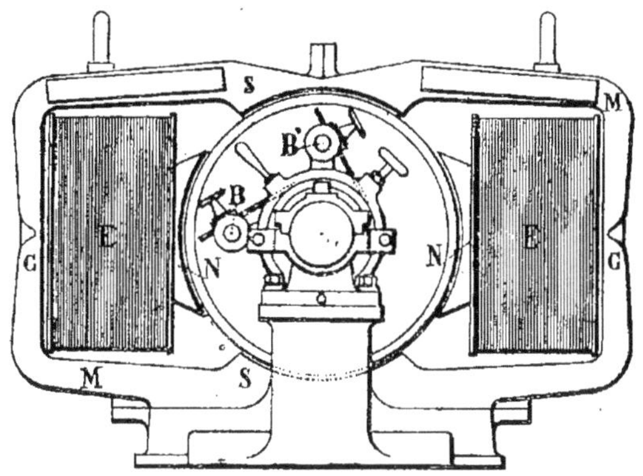

Fig 12. — Forme extérieure d'une dynamo duplex *Bréguet* (type *Lavoisier*).

Un premier modèle, marqué J, donne, à la vitesse approximative de 350 tours, une différence de potentiel de 80 volts, avec un débit pouvant atteindre 400 à 500 ampères. On trouve ce modèle sur les navires suivants : *Foudre, Cassard, Amiral-Charner, d'Assas* (*fig.* 9). Un deuxième modèle, plus petit, donne, à 350 tours environ, 80 volts et un débit allant à 300 ampères. On le trouve sur le *Lavoisier* et le *Galilée,* et sa forme générale est représentée par la figure 12.

§ 3. — Dynamos multipolaires de la Société alsacienne.

Inducteurs. — Dans ces dynamos, le système inducteur est placé à l'intérieur de l'induit. Il est formé de 4 électro-aimants E, rayon-

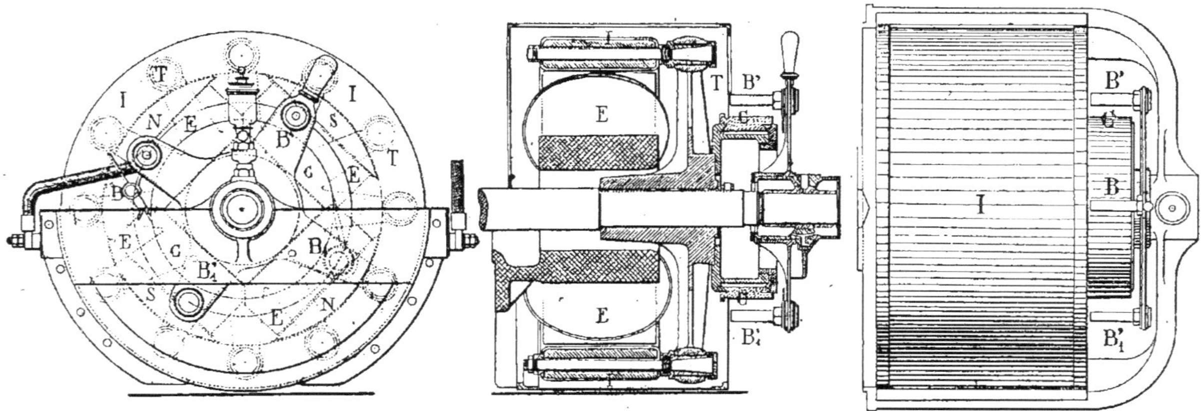

Fig. 13. — Dynamo multipolaire de la *Société alsacienne* (type *Charles-Martel*).

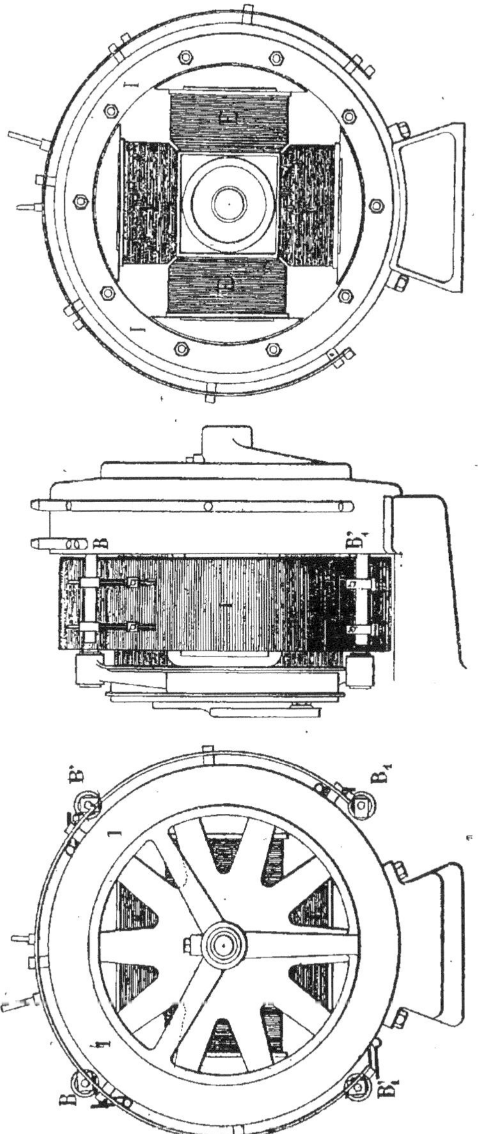

Fig. 14 — Dynamo multipolaire de la *Société alsacienne* (type *Dupuy-de-Lôme*).

nant autour d'un moyeu percé d'un trou pour le passage de l'arbre soutenant l'induit (*fig. 13*). L'excitation de ces électro-aimants inducteurs est compound; le gros fil est constitué souvent par une lame de cuivre; l'enroulement est en tension sur les quatre électro-aimants; il en est de même du fil fin.

Induits. — L'induit I est un anneau Gramme. Sur le collecteur C portent 4 balais à 90° l'un de l'autre; il y en a deux positifs et deux négatifs; les deux positifs B et B_1, diamétralement opposés, sont réunis entre eux, il en est de même des deux négatifs B' et B'_1.

L'induit, tournant extérieurement aux inducteurs, est maintenu par une étoile clavetée sur l'arbre, et dont les branches soutiennent 12 énormes boulons T traversant le noyau de fer de l'induit.

La disposition mécanique de ces dynamos est fort compliquée.

Il existe plusieurs modèles de ces dynamos à bord des navires.

Un premier modèle donne 80 volts et 600 ampères à 325 tours environ (*Charles-Martel*); c'est ce modèle qui est représenté par la figure 13. Un second modèle donne, à 350 tours environ, 80 volts et 400 ampères (*Friant*); il est semblable au premier, quant à la forme générale.

Enfin, un troisième modèle diffère des deux premiers par cette particularité qu'il ne possède pas de collecteur spécial, mais que l'enroulement de l'induit est formé de barres de cuivre; la surface extérieure de cet induit a été travaillée au tour, et c'est sur cette surface extérieure, remplaçant le collecteur, que les balais appuient. Ce modèle donne 80 volts et 300 ampères (*Dupuy-de-Lôme*); il est représenté par la figure 14.

TITRE II.

DISTRIBUTION DU COURANT ÉLECTRIQUE À BORD DES NAVIRES DE GUERRE.

§ 1er. — La distribution se fait sans couplage des dynamos, soit en tension, soit en quantité.

I. Les différents circuits aboutissent à un tableau de distribution unique.

Généralités. — Ce système de distribution, le plus ancien, exige que toutes les dynamos soient réunies dans le même local, ou se trouvent dans des locaux très voisins.

Généralement, les divers circuits ont un conducteur aboutissant à une bande commune du tableau; l'autre conducteur peut être relié par un commutateur unipolaire à plusieurs directions, à l'une des bandes de distribution correspondant à chacune des dynamos.

1° *Caïman, Terrible; Indomptable.*

Caïman. — Le tableau de distribution du *Caïman* (*Sautter et Harlé*) peut être donné comme le type des tableaux primitivement mis à bord des navires. Ce tableau a été décrit dans le *Cours d'Électricité*, tome III, et la figure 15 le reproduit.

C'est un tableau à 4 bandes de distribution pour les 4 dynamos. Les commutateurs (du système à pompe) comprennent un secteur de contact et 4 plots en communication avec chacune des bandes de distribution; un cinquième plot est celui de repos.

Le tableau de distribution du *Caïman* a été construit pour desservir 15 circuits :

Quatre circuits de projecteur : *projecteur bâbord, projecteur A, projecteur N', projecteur tribord.*

Huit circuits d'éclairage intérieur : *jour bâbord, nuit bâbord, mer bâbord, combat bâbord, jour tribord, nuit tribord, mer tribord, combat tribord.*

Trois circuits feux auxiliaires : *feux de signaux, feux de route, feux extérieurs.*

Toutes les lampes sont greffées directement, ou par l'intermédiaire de conducteurs tertiaires, sur les deux conducteurs secondaires formant chaque circuit et venant du tableau de distribution. Dans un grand nombre de compartiments, un certain nombre de lampes sont

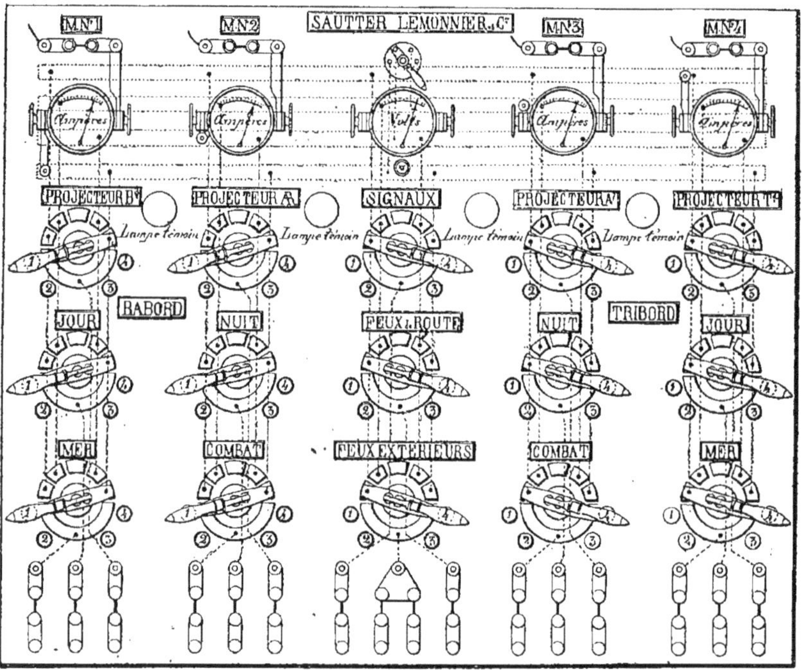

Fig. 15. — Tableau de distribution du *Caïman.*

prises sur un circuit, d'autres sur un second circuit et même sur un troisième. Lorsque plusieurs circuits envoient ainsi des branchements dans un même compartiment, ils suivent le même chemin; le retour est alors commun pour tous ces circuits ou branchements, d'où le nom de *commun* souvent donné au conducteur unique retournant à la bande commune.

Les tableaux du *Terrible* et de l'*Indomptable* sont presque identiques à celui du *Caïman;* la différence principale tient à ce que ces bâtiments ne possédant que trois dynamos, les tableaux n'ont besoin que de trois bandes de distribution.

2° *Davout*, *Vautour*, *Épervier*, *Forbin*.

Davout. — Les tableaux et le système de distribution de ces navires ressemblent aux précédents, sauf que le nombre des circuits secondaires, partant du tableau, est beaucoup moindre. Le tableau du *Davout* comprend :

4 circuits de projecteurs : *projecteur bâbord, projecteur Æ, projecteur Æ, projecteur tribord.*

3 circuits d'éclairage intérieur : *jour, navigation, mer.*

3 circuits de feux auxiliaires : *signaux, feux de route, feux extérieurs.*

Dans un grand nombre de compartiments, les lampes sont réparties sur les deux circuits *jour* et *mer*. Pour augmenter la sécurité, assez souvent le circuit *jour* passe d'un bord et le circuit *mer* de l'autre bord, et des dérivations traversent tout le navire pour alimenter, à tribord ou à bâbord, les lampes des compartiments situées de ce bord et qui doivent être reliées au circuit passant au bord opposé.

Sur la plupart de ces navires, l'éclairage intérieur prévu était limité aux fonds; sur presque tous cet éclairage a été complété, pour les logements, par les moyens du bord, en greffant les lampes sur les circuits passant le plus près et quelquefois sans méthode.

3° *Troude*, *Cosmao*, *Surcouf*, *Cassini*, *Casabianca*, *Milan*, *D'Iberville*.

Sur un certain nombre de navires, l'addition de ventilateurs ou de monte-charges électriques a conduit à ajouter aux circuits déjà existant pour l'éclairage par incandescence et les projecteurs d'autres circuits pour alimenter les nouveaux appareils. Dans quelques cas, on s'est contenté, lorsque la place le permettait, d'ajouter sur le tableau de distribution existant des commutateurs supplémentaires. D'autres fois, on a réuni les commutateurs supplémentaires sur un tableau auxiliaire placé le plus près possible du premier et dont les bandes de distribution et commune sont réunies à celles du tableau principal. Ce second tableau n'est ainsi que le prolongement du premier.

Troude. — C'est ainsi qu'aux neuf commutateurs existant déjà sur le tableau du *Troude* (*jour tribord, jour bâbord, feux de signaux, feux de route, réflecteurs et quatre projecteurs*), on a ajouté un commutateur pour un ventilateur assez important mis sur ce bâtiment.

Surcouf. — Le *Surcouf* a reçu deux monte-charges pour les canons de 138,6; de plus, une commande électrique *Marit* pour la machine à gouverner a contribué encore à surcharger son tableau de distribution primitif.

Cosmao. — Le *Cosmao* a reçu quatre ventilateurs; le *Casabianca* et le *D'Iberville*, chacun un.

Le *Milan* a été doté de trois monte-charges.

Les *Troude, Cosmao, Surcouf* ont été installés primitivement avec l'éclairage intérieur réduit aux fonds; depuis, l'éclairage des logements a été fait, par les moyens du bord, sur le *Troude* et le *Surcouf*.

Le *Cassini*, le *Casabianca*, le *D'Iberville* et le *Milan* ont eu, dès l'origine, l'éclairage intérieur complet.

4° Dupuy-de-Lôme.

Dupuy-de-Lôme. — L'installation du *Dupuy-de-Lôme*, quoique rentrant dans la classe qui nous occupe actuellement, se distingue des installations que nous venons d'étudier par la forme spéciale du tableau de distribution et des commutateurs qui le constituent.

D'ailleurs, si, sur ce navire, un tableau unique de distribution assure tout le service, néanmoins les quatre dynamos sont divisées en deux groupes placés dans des locaux différents, ce qui constitue encore une caractéristique.

La figure 16 reproduit le tableau de distribution du *Dupuy-de-Lôme* et la figure 17 donne le détail d'un commutateur.

Le tableau de distribution comprend quatre bandes horizontales positives reliées chacune au pôle (+) d'un des dynamos. Au-dessous des premières et séparées d'elles par un isolant, se trouvent quatre bandes horizontales négatives, qu'on voit déborder à droite et dont la figure 17 montre la disposition. A ces bandes négatives aboutissent, à droite, les conducteurs venant des pôles (—) des quatre dynamos.

Douze commutateurs bipolaires à quatre directions permettent de relier douze circuits à l'une quelconque des dynamos, sans que jamais un même circuit puisse être en relation avec deux dynamos différentes.

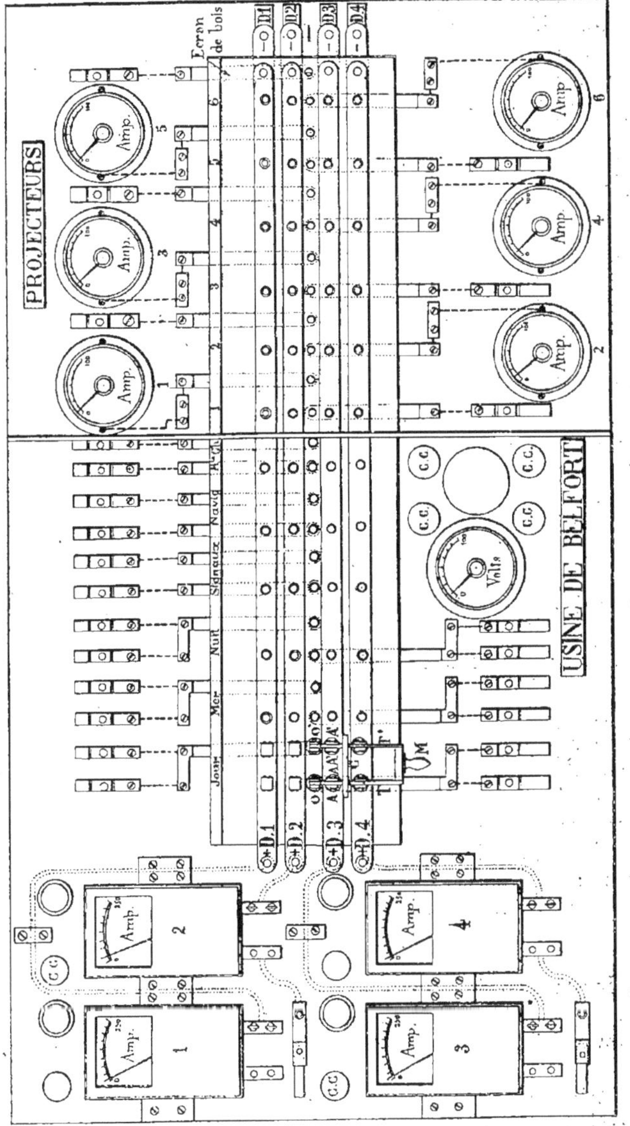

Fig. 16. — Tableau de distribution du *Dupuy-de-Lôme*.

L'éclairage intérieur du navire est desservi par les circuits :

Jour, mer, nuit, dédoublés au sortir du tableau en *tribord* et *bâbord.*

Deux circuits, *signaux* et *navigation*, desservent les feux correspondants.

Pour l'éclairage proprement dit du navire, il existe quatre tableaux secondaires, deux à l'*AV*, deux à l'*AR*, sous le pont cuirassé, où aboutissent les circuits *jour* et *mer* venant du tableau général de distribution.

De ces tableaux secondaires partent les branchements alimentant les lampes des divers locaux inférieurs. De même quatre autres tableaux secondaires, au-dessus du pont cuirassé, sont alimentés par le circuit de *nuit* venant du tableau général de distribution et permettant d'envoyer le courant aux lampes des étages supérieurs.

Un circuit alimente les deux *monte-charges* que possède le navire.

Six circuits enfin vont aux six *projecteurs.*

Chaque commutateur (*fig.* 17) se compose de deux tiges verticales T et T′ isolées l'une de l'autre électriquement, mais réunies mécaniquement par une poignée M. Ces deux tiges sont articulées autour des axes O et O′ formant charnières; on peut rabattre les tiges vers le bas ou vers le haut.

D'autre part, un curseur C mobile le long des tiges porte deux contacts isolés l'un de l'autre B et B′, mais en communication chacun avec une tige T ou T′. Des frotteurs ressorts A sont fixés aux bandes horizontales positives et d'autres A′ aux bandes horizontales négatives (ceux-ci doivent traverser les bandes positives tout en en restant isolés). En plaçant le curseur C à une position convenable et en rabattant les tiges T et T′ soit vers le bas, soit vers le haut, on met donc en communication les tiges avec le pôle positif et le pôle négatif d'une dynamo quelconque. Comme les tiges T et T′ sont reliées aux conducteurs positif et négatif d'un circuit, on peut donc, par cette manœuvre, alimenter ce dernier. Outre les deux positions que le curseur C doit occuper pour permettre la mise en service d'une des deux dynamos correspondant aux bandes inférieures ou aux bandes supérieures, il existe une troisième position pour le curseur dans laquelle aucun contact n'est établi. Ces positions sont réglées par un arrêt D s'encastrant dans des crans E.

II. Les dynamos étant partagées en deux groupes, les divers circuits peuvent être alimentés par deux tableaux de distribution identiques placés près des groupes de dynamos.

Généralités. — Sur un certain nombre de grands navires, pour assurer le fonctionnement de l'éclairage électrique en cas d'avarie grave

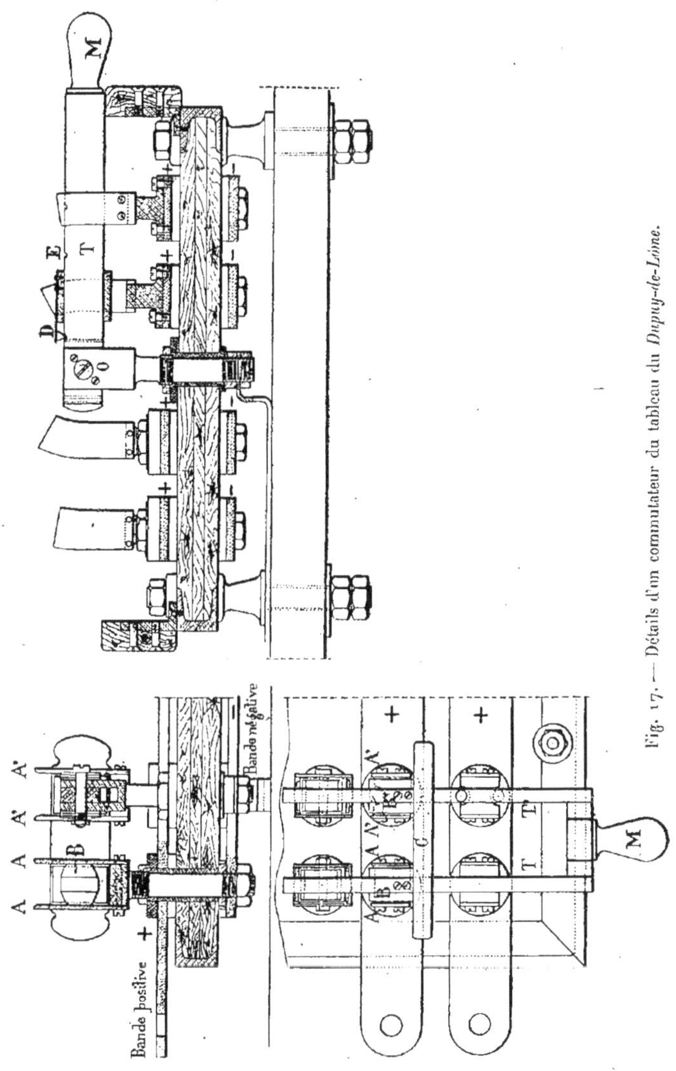

Fig. 17. — Détails d'un commutateur du tableau du *Dupuy-de-Lôme*.

dans un poste de dynamos, telle que l'envahissement par l'eau du compartiment qui les renferme, on a divisé les dynamos en deux groupes, l'un par exemple à l'AV, l'autre à l'AR. Près de chaque groupe se trouve alors un tableau de distribution, auquel aboutissent tous les circuits du navire. Primitivement, ces deux tableaux étaient *identiques* et l'on voulait pouvoir se servir d'un des deux tableaux pour alimenter un circuit quelconque avec une quelconque des dynamos, soit une de celles situées près du tableau employé, soit même une de celles faisant partie de l'autre groupe, d'où des liaisons nécessaires entre les bandes de distribution des deux tableaux.

Mais alors, comme nécessairement les divers circuits sont reliés, d'une part, aux commutateurs d'un des tableaux, d'autre part et en permanence, aux commutateurs identiques de l'autre tableau, il est à craindre que si on met à la fois une dynamo en marche à chaque poste, on ne puisse, en manœuvrant les commutateurs aux deux tableaux en même temps, mettre un même circuit en communication avec deux dynamos différentes, ce qui couplerait en quantité ces dynamos et amènerait presque infailliblement des avaries dans l'une d'elles.

C'est par le mode de liaison des deux tableaux et par les dispositifs propres à prévenir le couplage des dynamos en cas de manœuvres simultanées des deux postes que les installations de ce genre peuvent différer.

Marceau, Neptune.

Marceau. — L'installation primitive du *Marceau* a été décrite avec les plus grands détails dans le *Cours d'Électricité* (tome III); nous en rappellerons ici les caractéristiques principales (*fig. 18 et 19*).

Deux tableaux de distribution identiques sont placés près du groupe AV des dynamos et près du groupe AR. Ces deux tableaux, installés chacun avec quatre bandes de distribution BD et une bande commune BC, comprennent quinze commutateurs C, correspondant aux circuits suivants :

Combat, jour, mer, nuit, tribord et bâbord.

Signaux, feux de route, feux extérieurs, projecteur AV, projecteur AR, projecteur tribord, projecteur bâbord.

Les conducteurs secondaires émanant des commutateurs d'un tableau vont rejoindre les commutateurs correspondants de l'autre tableau, une partie des conducteurs allant de l'AV à l'AR par tribord, les autres par bâbord.

De plus, à tribord et à bâbord, un certain nombre de conducteurs réunissent les bandes communes des deux tableaux ; d'abord un con-

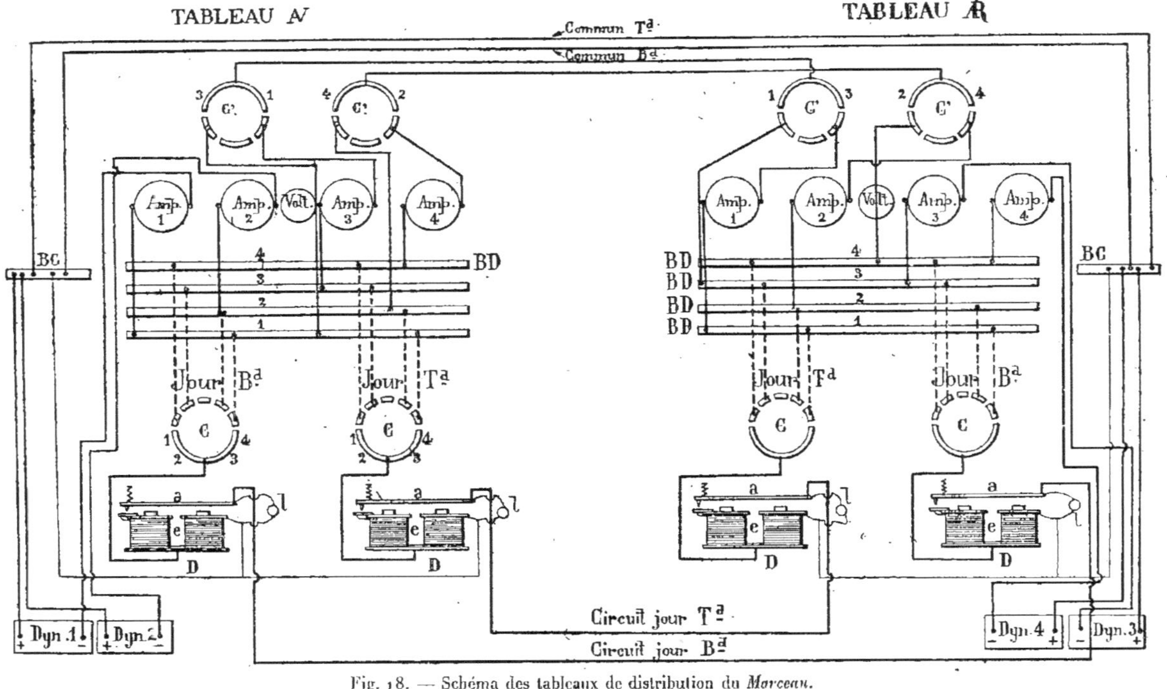

Fig. 18. — Schéma des tableaux de distribution du *Morceau*.

ducteur de chaque bord pour servir de retour commun aux circuits d'éclairage intérieur; puis, à tribord, quatre conducteurs pour servir de retours aux circuits de *signaux, feux de route, projecteur AR, projecteur tribord;* à bâbord, trois conducteurs pour servir de retours aux circuits de *feux extérieurs, projecteur AV, projecteur bâbord.*

Deux commutateurs auxiliaires C′, à deux directions, situés au-dessus de chaque tableau, permettent, par deux conducteurs, l'un passant par tribord, l'autre par bâbord, de relier à volonté entre elles les bandes de distribution des deux tableaux, et de se servir par exemple au tableau AR d'une dynamo de l'AV, ou réciproquement.

Des *disjoncteurs automatiques* sont intercalés au tableau AV et au tableau AR, sur les conducteurs secondaires venant des commutateurs et appartenant aux circuits suivants :

Combat, jour, mer, nuit.

Feux de route, feux extérieurs.

Ces disjoncteurs constituent des interruptions, en temps normal, sur les conducteurs secondaires reliant les tableaux AV et AR. Pour alimenter un circuit muni d'un disjoncteur D, il faut *volontairement* peser sur l'armature *a* de l'électro-aimant *e* du disjoncteur correspondant, placé près du tableau avec lequel on veut assurer le fonctionnement des appareils. Une fois appuyée, l'armature reste collée au noyau de l'électro-aimant, si la dynamo qu'on a l'intention d'utiliser envoie bien son courant dans la portion du conducteur secondaire reliée au tableau correspondant. On est averti d'ailleurs par une lampe *l*, placée en dérivation au delà du disjoncteur, que le circuit secondaire n'est pas déjà relié, par l'autre tableau, avec une autre dynamo. Toute fausse manœuvre doit donc être voulue. Enfin, lorsqu'on stoppe une dynamo, les disjoncteurs placés près du tableau correspondant rompent automatiquement la communication des conducteurs secondaires avec ce tableau, *même si on n'avait pas pris la précaution préalable d'ouvrir les commutateurs à la main.*

Pour achever, rappelons que, à bâbord et à tribord, en trois endroits, des greffes sont prises sur les circuits *combat, jour, mer, nuit* et sur le retour correspondant.

Ces greffes, au nombre de cinq de chaque bord, vont à cinq barres horizontales qu'on peut mettre en relation, par des fiches, avec cinq autres barres verticales; sur celles-ci sont pris tous les branchements allant alimenter l'éclairage intérieur. Ces appareils intermédiaires s'appellent *permutateurs.*

Des conducteurs transversaux, ou *traverses,* permettent, au besoin, de réunir les permutateurs d'un bord avec ceux de l'autre. Tous ces dispositifs sont représentés dans les figures 18 et 19.

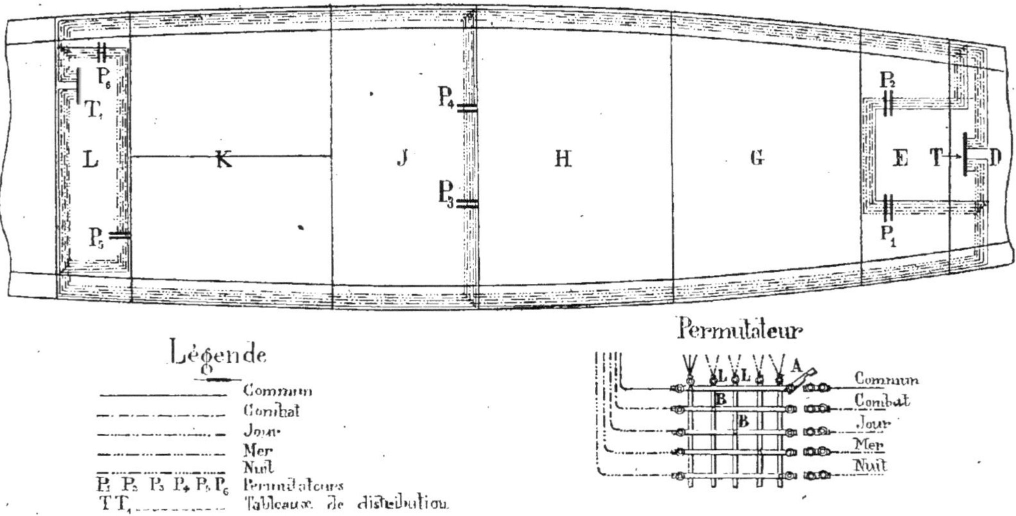

Fig. 19. — Disposition générale des conducteurs dans la distribution du *Marceau*.

Voici maintenant les modifications apportées aux dispositions primitives.

Rien n'a été changé, quant à la canalisation, pour l'*éclairage intérieur*, les *signaux*, les *feux de route* et les *feux extérieurs*.

Chacun des tableaux AV et AR continue donc à pouvoir alimenter les circuits :

Combat, jour, mer, nuit : tribord et bâbord ;

Feux de route, feux extérieurs;

avec interposition de disjoncteurs automatiques.

Le circuit *signaux* est également commun, mais sans disjoncteur.

Il y a encore, à tribord, six conducteurs reliant les commutateurs du tableau AV, correspondant aux circuits d'*éclairage intérieur* et à ceux de *feux de route* et de *signaux*, aux commutateurs du même nom du tableau AR; de plus, il passe de ce bord un *commun* pour l'éclairage et deux autres pour les *feux de route* et les *signaux*. A bâbord, cinq conducteurs pour l'*éclairage intérieur* et les *feux extérieurs*, avec un *commun* pour l'éclairage intérieur et un pour les *feux extérieurs*.

Les deux commutateurs, situés au-dessus des tableaux et permettant, par deux conducteurs, de relier les bandes de l'un aux bandes de l'autre, subsistent encore.

Mais les conducteurs secondaires, correspondant aux projecteurs, et qui allaient autrefois, comme les autres, de l'AV à l'AR, d'un tableau à l'autre, ont été coupés par le milieu, et chacun des tronçons alimente un projecteur différent. De ce chef, les deux tableaux ne sont plus restés identiques.

D'ailleurs quatre projecteurs nouveaux ont été ajoutés aux quatre déjà existant; le navire a reçu également huit monte-charges électriques, dont sept pour les canons de 138 millim. 6, et un pour les canons de 65 millimètres.

Ces nouveaux appareils ont été répartis sur les deux tableaux. A cet effet, de nouveaux commutateurs ont été ajoutés sur un tableau auxiliaire, qui n'est que le prolongement de l'ancien.

A l'AV, le tableau peut desservir :

Projecteurs 1, 4, 5, 7;

Monte-charges 1, 2, 3, 4, et celui de 65 millimètres.

A l'AR, peut desservir :

Projecteurs 2, 3, 6, 8.

Monte-charges 3, 4, 5, 6, 7 et celui de 65 millimètres.

Neptune. — L'installation du *Neptune* est comprise absolument suivant les mêmes principes que celle du *Marceau*, avec les mêmes détails : *disjoncteurs automatiques, traverses, permutateurs, commutateurs de jonction* entre les tableaux AV et AR.

La seule différence un peu importante entre les deux installations est que les circuits d'incandescence ne sont pas dédoublés (tribord et bâbord) sur les tableaux eux-mêmes, mais seulement après la sortie des tableaux.

Voici d'ailleurs les circuits alimentés par les deux tableaux :

1° *Tableau* AV :

Onze commutateurs, savoir :

Incandescence, quatre circuits : *combat, jour, mer, nuit.*
Projecteurs, quatre circuits alimentant les quatre projecteurs de l'AV.
Ventilateurs, un circuit.
Réflecteurs, un circuit.
Signaux et *feux de route,* un circuit.

2° *Tableau* AR :

Onze commutateurs, savoir :

Incandescence, quatre circuits : *combat, jour, mer, nuit.*
Projecteurs, trois circuits desservant les trois projecteurs de l'AR.
Treuils, un circuit.
Signaux, un circuit.
Feux de route, un circuit.
Réflecteurs et transmetteurs d'ordre, un circuit.

On voit encore ici que les tableaux, quoique identiques comme construction, ont été plus tard spécialisés, lors de l'addition des *treuils électriques* et des *projecteurs* supplémentaires.

III. — Emploi d'un tableau général de répartition et de plusieurs tableaux de distribution, toutes les dynamos étant assemblées en un même lieu.

Généralités. — Lorsque les appareils électriques des navires sont devenus plus nombreux et plus variés, que les monte-charges et les ventilateurs ont été ajoutés normalement aux projecteurs et aux lampes à incandescence, on a trouvé commode de séparer nettement les appareils répondant à des besoins bien distincts : *lampes à incandescence, projecteurs, moteurs.*

Étant donné l'accroissement du nombre des lampes à incandescence et des projecteurs, ainsi que le développement du nombre et de l'importance des monte-charges, il est devenu difficile d'alimenter, avec une des dynamos de puissance relativement faible, alors en service, tous les appareils en même temps. Dès lors, il était inutile de rassembler sur un même tableau, qui eût été immense, tous les commutateurs des appareils si nombreux à alimenter. Il a semblé préférable de constituer, avec chaque groupe d'appareils, un tableau de distribution distinct.

Afin de ne pas répéter sur chacun d'eux les bandes de distribution multiples correspondant à chaque dynamo, les divers tableaux de distribution furent reliés aux dynamos par l'intermédiaire d'un tableau général appelé *tableau de répartition,* sur lequel seul subsistent les bandes de distribution en nombre égal à celui des dynamos. Les tableaux de distribution partiels ont été, par ce fait, simplifiés.

C'est à la même époque que l'on commença, dans la Marine, à se préoccuper, pour les courants importants dont on faisait usage, d'employer des commutateurs et interrupteurs qui ne fussent pas trop vite détériorés par les arcs voltaïques résultant de la rupture des circuits. Alors que, jusque-là, tous les commutateurs se ressemblaient à peu près, des commutateurs de formes très diverses commencèrent à prendre place sur les tableaux, tous produisant des ruptures de circuit plus *rapides* les uns que les autres, assurant plus complètement les contacts que leurs similaires, offrant une commodité de manœuvre plus grande, etc.

Par cet emploi seul de commutateurs différents, les tableaux de répartition changent beaucoup d'un navire à l'autre. Mais ce n'est pas là la cause principale des différences parfois considérables constatées entre le mode de distribution à bord d'un navire et celui d'un autre navire.

L'emploi d'un tableau de répartition, qui a constitué une transformation considérable, a été le point de départ d'une série de transformations successives, moins importantes chacune que la première, mais conduisant peu à peu, en s'accumulant, à une distribution si éloignée de la distribution primitive qu'il n'existe, pour ainsi dire, plus de point de ressemblance pour qui n'a pas assisté à l'évolution complète.

C'est ainsi que peu à peu aux tableaux de distribution, d'abord organes principaux et uniques de la distribution, s'adjoignent les tableaux de répartition; puis ceux-ci deviennent peu à peu prépondérants, au point que un, puis deux tableaux de distribution disparaissent sur les trois primitifs; enfin, on peut même constater la disparition complète des tableaux de distribution proprement dits. Mais alors le tableau de répartition est redevenu, lui-même, le tableau de distribution unique d'autrefois, complétant ainsi le cycle d'évolution, par le retour à l'état primitif.

On conçoit combien, parfois, il est difficile de classer le mode de distribution d'un navire et combien les règles générales se perdent au milieu de détails modificateurs quelquefois très importants.

Nous allons essayer d'indiquer les caractéristiques principales des modes de distribution d'un certain nombre de navires que nous pouvons classer dans la catégorie étudiée en ce moment.

1° *Formidable.*

Disposition générale. — A défaut de dessin exact s'appliquant à la classe que nous étudions maintenant, nous donnerons un dessin schématique représentant un tableau de répartition pour quatre dynamos avec trois tableaux de distribution, pour l'*incandescence* I, les *projecteurs* P et les *monte-charges* M (*fig.* 20). Essentiellement le tableau de répartition R se compose de paires de bandes métalliques H en nombre égal à celui des dynamos et le plus souvent horizontales. Il y a ainsi, pour chaque dynamo, une bande positive et une bande négative, auxquelles on relie, à l'aide de conducteurs principaux et par l'intermédiaire d'un ampèremètre, les deux bornes de chaque dynamo. Les bandes correspondant aux dynamos s'appellent *bandes-sources.*

En outre, il existe trois paires de bandes K, verticales généralement, appelées *bandes-circuits,* qui sont reliées deux à deux aux bandes positive et négative de chacun des tableaux de distribution partiels.

Pour faire communiquer une paire de bandes horizontales, c'est-à-dire une dynamo, avec une paire de bandes verticales, c'est-à-dire un tableau de distribution, on fait usage de *commutateurs bipolaires* variés, disposés de telle sorte qu'on ne puisse jamais mettre en communication un tableau de distribution qu'avec une seule dynamo à la fois, mais qu'on puisse toujours, si on le désire, réunir à une même dynamo tous les tableaux.

Ces commutateurs, souvent de formes bizarres, font naturellement partie du tableau de répartition et le caractérisent. Ici nous avons supposé, pour plus de clarté dans la figure, que la jonction des bandes-sources et des bandes-circuits se faisait au moyen de chevilles, traversant les deux plans des bandes verticales et horizontales. C'est ainsi que le tableau d'incandescence est relié à la dynamo D_1, et le tableau des monte-charges à la dynamo D_3.

Nous devons faire remarquer que quelquefois les bandes-sources sont verticales et les bandes-circuits horizontales.

Un voltmètre V peut, à l'aide du commutateur C à quatre directions, être mis en relation par sa borne positive avec une quelconque des bandes positives H des dynamos, l'autre borne du voltmètre étant en permanence reliée à toutes les bandes négatives H.

Nous avons donné aux trois tableaux de distribution des dispositions différentes pour indiquer les trois variétés de tableaux qu'on rencontre.

Dans le tableau d'incandescence I, la bande de distribution *d* est dédoublée et un ampèremètre *a* est à cheval sur les deux parties de la bande. Les interrupteurs *i* permettent de mettre en relation le conducteur positif des circuits d'incandescence avec l'une des deux parties de la bande *d*. Si on manœuvre *i* de manière à rejoindre la partie supérieure de *d*, le courant venant de la dynamo (ici la dynamo D_1) passe directement dans le circuit d'incandescence sans passer par l'ampèremètre *a*. Le courant passe au contraire dans l'ampèremètre si on manœuvre *i* de manière à rejoindre la partie inférieure de la bande *d*.

Cette disposition permet de connaître à volonté le courant pris séparément par chacun des circuits. Elle est aujourd'hui presque toujours employée pour les tableaux d'incandescence.

Il est entendu que, comme toujours, le conducteur négatif des circuits d'incandescence va directement rejoindre la bande *c commune*.

Un voltmètre *v* est en dérivation entre les bandes *d* et *c*, avec interposition d'un interrupteur à bouton.

Dans le tableau des projecteurs P, la bande positive *d* est simple, comme la bande négative *c*. Chaque interrupteur *i* permet de réunir le conducteur positif d'un circuit de projecteur à la bande positive *d*, par l'intermédiaire d'un ampèremètre *a*. Il y a ainsi un ampèremètre sur chaque circuit de projecteur. Les interrupteurs *i* sont presque toujours alors des *interrupteurs rapides*.

Enfin, dans le tableau des monte-charges M, un ampèremètre est intercalé sur le conducteur positif venant du tableau de répartition; il totalise le courant pris par tous les circuits de monte-charges. Cette disposition est assez rare aujourd'hui. Presque toujours, actuellement, la disposition des tableaux de monte-charges est pareille à celle des tableaux d'incandescence.

Formidable. — L'installation du *Formidable*, faite sur les principes que nous venons d'exposer, diffère de la disposition schématique indiquée ci-dessus principalement par ce que l'installation ne comprend que trois dynamos, au lieu de quatre.

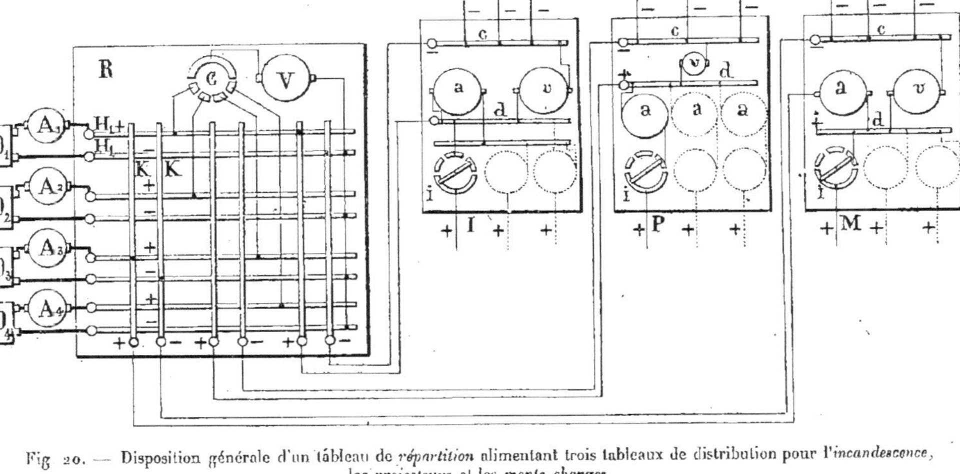

Fig 20. — Disposition générale d'un tableau de *répartition* alimentant trois tableaux de distribution pour l'*incandescence*, les *projecteurs* et les *monte-charges*.

2° *D'Assas*, *Friant*, *Pothuau*, *Foudre*.

Sur la plupart des navires construits récemment, la distribution par tableau de répartition n'a pas conservé le caractère de symétrie qu'elle avait sur les premiers navires avec ses trois tableaux de distribution, correspondant aux trois classes d'appareils à desservir.

C'est ainsi que le tableau de distribution des montes-charges a disparu le premier, au moins sous sa forme primitive de tableau complet visible près du tableau de répartition.

D'Assas. — Sur le *D'Assas*, par exemple, le tableau de répartition correspondant aux trois dynamos permet d'envoyer, grâce à quatre commutateurs bipolaires, le courant d'une quelconque des trois dynamos (*fig.* 21) :

1° Au tableau de distribution d'*incandescence*, I;

2° Au tableau de distribution des *projecteurs*, P;

3° Dans le circuit des *appareils mécaniques tribord*, MT;

4° Dans le circuit des *appareils mécaniques bâbord*, MB.

Les commutateurs bipolaires du tableau de répartition présentent une disposition particulière qu'on retrouvera sur d'autres navires (*Carnot*, *Foudre*), dont les tableaux ont été fournis par la maison Bréguet.

Les trois dynamos sont reliées chacune par leurs deux pôles à deux bandes, par exception verticales, du tableau de répartition. D'autre part, les quatre circuits alimentés aboutissent à quatre paires de bandes, ici horizontales par exception. Entre chaque paire de bandes horizontales se trouve une vis V parallèle, qu'on peut faire tourner au moyen d'un petit volant. Sur cette vis peut se mouvoir un curseur muni de deux balais ou frotteurs F, isolés l'un de l'autre, qui permettent d'établir la communication électrique l'un entre une bande horizontale positive K + et une bande verticale positive H +, l'autre, en même temps, entre une bande horizontale négative K — et une bande verticale négative H —.

En déplaçant convenablement le curseur porte-balais à l'aide de la vis, on peut ainsi mettre en communication la paire de bandes horizontales, c'est-à-dire le circuit correspondant, avec une quelconque des dynamos.

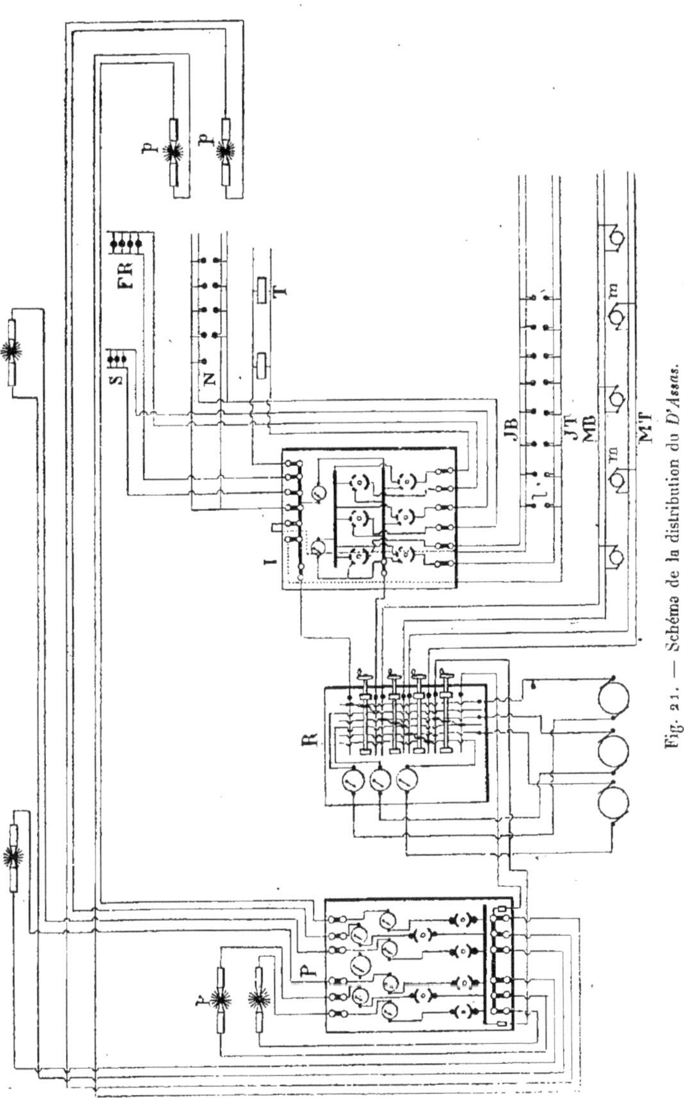

Fig. 21. — Schéma de la distribution du *D'Assas*.

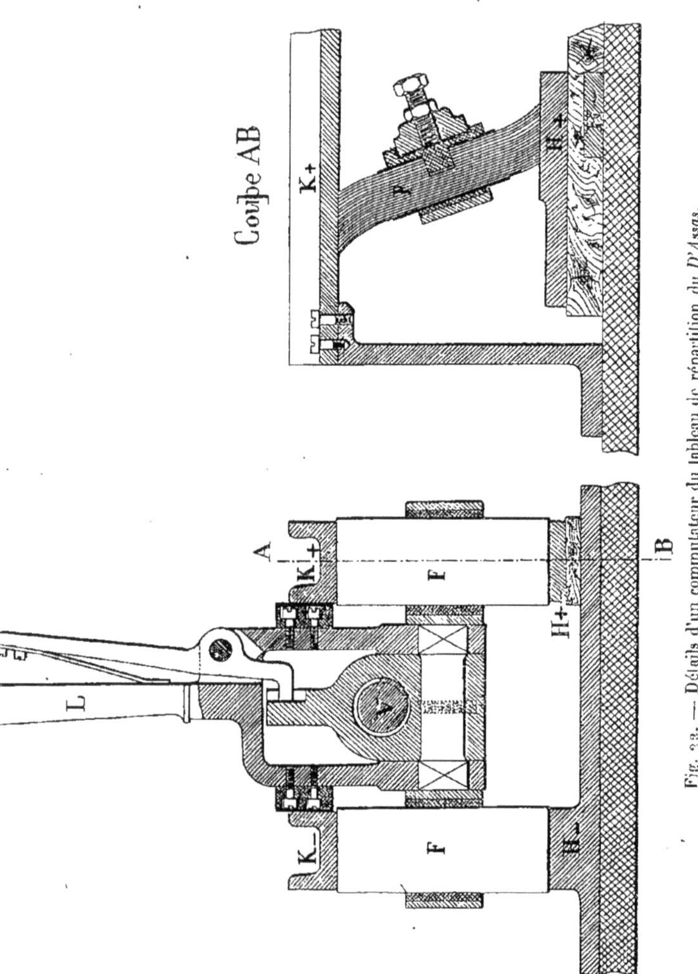

Fig. 22. — Détails d'un commutateur du tableau de répartition du *D'Assas*.

Naturellement un levier L permet de rabattre les frotteurs de manière qu'ils ne touchent pas les bandes pendant le déplacement du curseur. Ce n'est que lorsque ce dernier est arrivé à l'endroit convenable marqué par un repère, qu'on établit la communication à l'aide du levier manœuvrant les balais. Nous donnons d'ailleurs un plan détaillé de ces balais et de leur support (*fig.* 22).

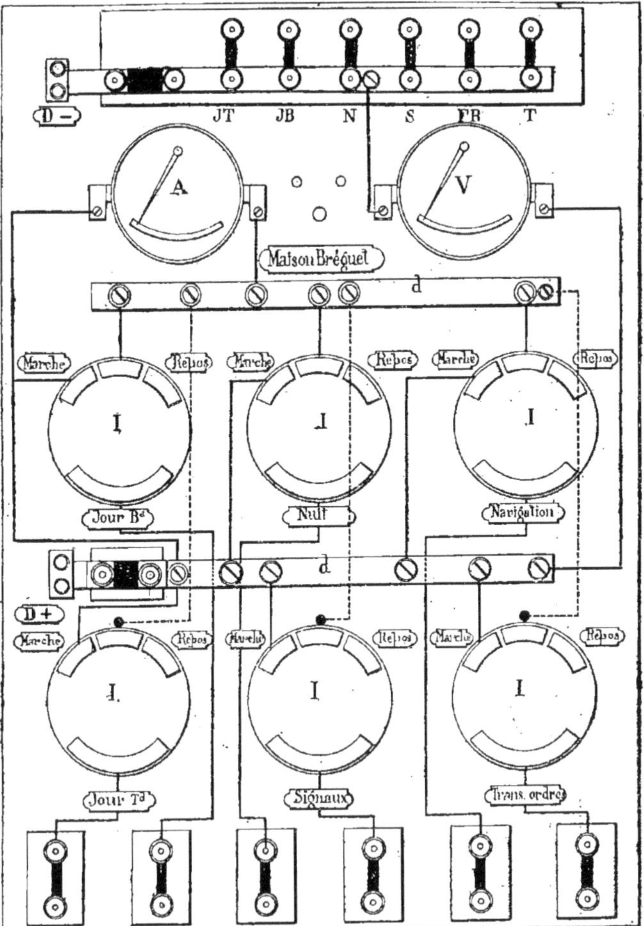

Fig. 23. — Tableau d'incandescence du *D'Assas.*

Le tableau de distribution d'*incandescence* (*fig.* 23) alimente six circuits :

Jour tribord, JT; jour bâbord, JB; nuit, N; signaux, S; navigation, FR; transmetteurs d'ordres, T (*fig.* 21).

Les interrupteurs I de ce tableau sont à trois touches, *repos, marche, intensité,* afin de permettre de mesurer l'intensité du courant passant dans chaque circuit séparément, ou dans l'ensemble des circuits. Ce tableau ressemble donc, en principe, à celui de la disposition schématique décrite plus haut avec une des bandes dédoublées *d* pour l'intercalation de l'ampèremètre A.

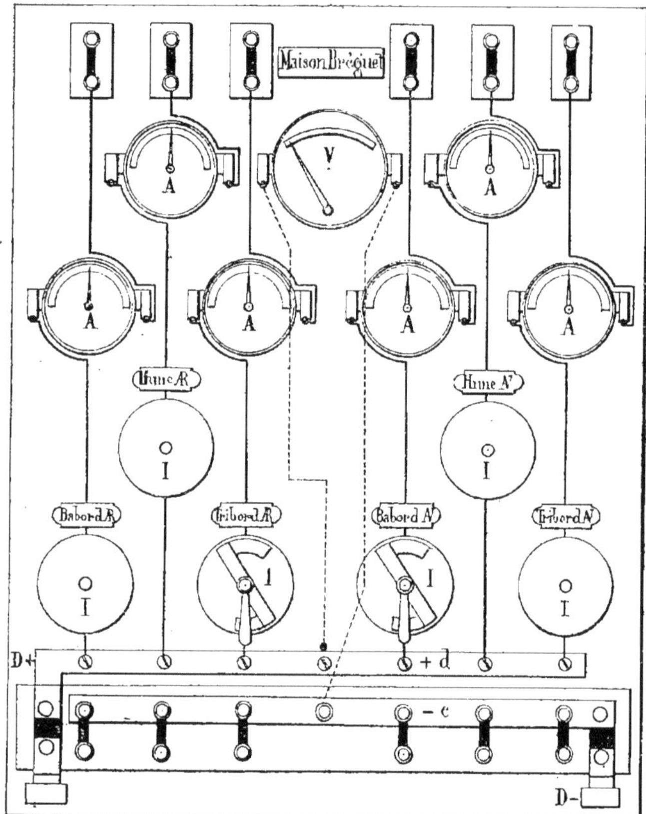

Fig. 24. — Tableau des projecteurs du *D'Assas*.

Dans les fonds du navire, lorsqu'un compartiment est éclairé par plusieurs lampes, une partie de ces lampes *l* sont prises sur le circuit *jour tribord* JT et les autres sur le circuit *jour bâbord* JB. Une avarie dans un circuit ne plonge pas le compartiment dans une obscurité complète. Quelques lampes isolées importantes, peuvent même, au moyen d'un commutateur à deux directions être reliées, soit au circuit de tribord, soit à celui de bâbord, à volonté.

Cette alimentation par les deux bords des appareils électriques devient de plus en plus la règle à mesure que les installations sont plus récentes; nous la verrons se généraliser pour tout l'éclairage.

Le tableau d'incandescence dessert aussi les transmetteurs d'ordres T (*fig.* 21).

Le tableau de distribution des projecteurs P présente, par rapport aux tableaux étudiés jusqu'à présent, une particularité que nous avons indiquée et qui est désormais une règle. Chacun des circuits des six projecteurs *p* alimentés par le tableau possède un ampèremètre particulier, intercalé en permanence. Le tableau a donc une bande positive et une bande négative simples toutes les deux. Les interrupteurs placés sur l'un des conducteurs n'ont plus besoin d'avoir plusieurs touches comme précédemment.

On en profite pour employer des interrupteurs à *rupture rapide* I (*fig.* 24).

Le circuit des *appareils mécaniques tribord* et celui des *appareils mécaniques bâbord* longent tous les deux le navire de l'AV à l'AR, un à tribord, l'autre à bâbord. D'autre part, près des trois groupes de monte-charges électriques *m* correspondant aux soutes, *avant, milieu, arrière,* se trouvent trois petits tableaux secondaires renfermant autant de *commutateurs bipolaires* à deux directions qu'il y a de monte-charges dans le groupe. Ces commutateurs permettent de relier deux conducteurs allant à chaque monte-charge soit avec le circuit des *appareils mécaniques tribord,* soit avec le circuit des *appareils mécaniques bâbord.* A cet effet, des branchements pris sur les deux circuits, à tribord et à bâbord, viennent aboutir sur les tableaux secondaires.

On peut donc alimenter tous les monte-charges indifféremment par un bord ou par l'autre.

Les six treuils escarbilleurs du *D'Assas* sont desservis également par les circuits des *appareils mécaniques,* mais certains sont alimentés seulement par tribord et les autres seulement par bâbord.

Foudre. — Le tableau de répartition de la *Foudre,* construit par la maison Bréguet, a des commutateurs bipolaires à vis semblables à ceux que nous avons décrits pour le *D'Assas.*

Ce tableau de répartition, disposé pour trois dynamos, dessert trois circuits :

1° *Incandescence* allant au tableau de distribution de l'incandescence;
2° *Projecteurs* allant au tableau des projecteurs;
3° *Ventilateurs* et *moteur d'atelier.*

Les tableaux de distribution sont du même modèle que ceux du *D'Assas*. Celui des projecteurs alimente encore six projecteurs avec chacun un ampèremètre et un interrupteur rapide. Celui de l'incandescence alimente sept circuits, au lieu de six comme sur le *D'Assas* :

Jour tribord, jour bâbord, nuit bâbord, signaux, navigation, feux extérieurs, transmetteurs d'ordres.

Encore devons-nous signaler que les deux circuits de *Nuit tribord* et *bâbord*, qui sont ici séparés sur le tableau de distribution même, se retrouvent dans l'installation du *D'Assas*, mais seulement après le départ du tableau, le circuit de nuit se divisant alors seulement en deux branches tribord et bâbord.

Le circuit des *appareils mécaniques* est simple, en revanche, sur la *Foudre*, parce que ce circuit alimente seulement les *ventilateurs* et le *moteur d'atelier*.

Friant. — L'installation du *Friant* ressemble encore beaucoup à celle du *D'Assas*.

Il y a encore un tableau de répartition desservant :

1° Un tableau de distribution d'*incandescence;*
2° Un tableau de distribution des *projecteurs;*
3° Un circuit des *treuils* Æ;
4° Un circuit des *treuils* A'.

Aucune particularité bien importante ne distingue les tableaux d'*incandescence* et des *projecteurs* de ceux du *D'Assas*, sauf que le *Friant* a seulement cinq projecteurs au lieu de six, que le circuit d'incandescence est dédoublé en tribord et bâbord et qu'il y a un circuit spécial pour l'éclairage des *gaillards*. La forme des commutateurs et interrupteurs des tableaux est aussi quelque peu spéciale.

Le circuit des *treuils* A' se bifurque entre deux branches *tribord* et *bâbord* à la sortie du tableau de répartition. Des deux branches A' se rendent par tribord et bâbord dans la chambre des monte-charges A' et viennent aboutir à un tableau secondaire qui permet, à l'aide de commutateurs bipolaires à deux directions, de prendre le courant sur la branche tribord ou la branche bâbord. Le circuit Æ unique se rend dans la chambre des treuils Æ.

Les accumulateurs prévus pour ce navire n'ont pas été embarqués; les divers commutateurs et tableaux qui devaient assurer le service de ces accumulateurs sont donc inutiles.

Le tableau de répartition du *Friant* se distingue nettement de celui du *D'Assas* par la forme très particulière des commutateurs.

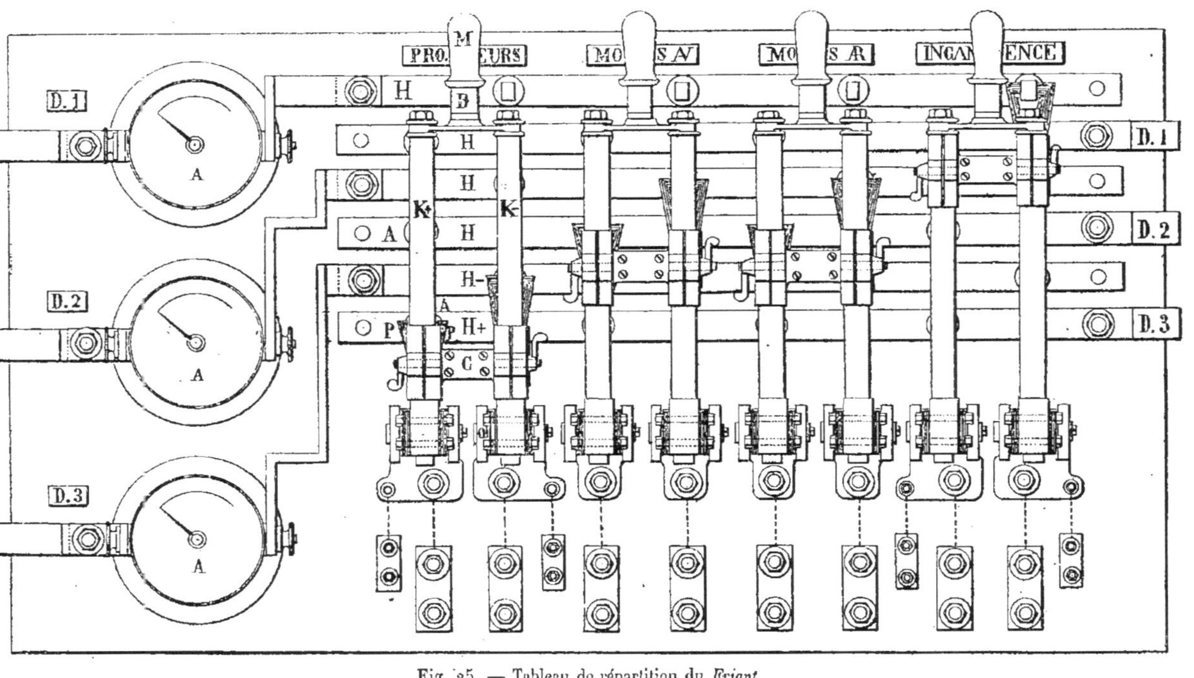

Fig. 25. — Tableau de répartition du *Friant*.

Les deux pôles de chaque dynamo sont reliés à deux bandes horizontales (*fig.* 25).

Les commutateurs sont formés de deux tiges de bronze (K +) et (K —) reliées mécaniquement à leur partie supérieure par une traverse munie d'une poignée, mais isolées électriquement. A la partie inférieure, chacune est articulée en O et O′ sur une partie fixe du tableau, de manière que les deux tiges puissent être appliquées ensemble sur le tableau, où elles occupent une position verticale, ou bien que les tiges puissent être ramenées en arrière. Le long des tiges peut coulisser un curseur C formé de deux douilles en cuivre solidaires mécaniquement, mais isolées électriquement. Chaque douille porte deux peignes P en cuivre qui viennent embrasser, lorsque les tiges sont appliquées sur le tableau, des plots de contact A fixés normalement aux bandes horizontales H des dynamos. Si donc les tiges verticales d'un commutateur sont reliées l'une au conducteur positif, l'autre au conducteur négatif d'un circuit, on peut, après avoir ramené en arrière le commutateur, mettre le curseur à la hauteur convenable et appliquer le commutateur sur le tableau, de façon à établir la communication des deux conducteurs du circuit avec les deux bandes reliées au pôle positif et au pôle négatif d'une dynamo.

Pas plus qu'avec les commutateurs des tableaux précédents, on ne pourra jamais mettre un même circuit en communication avec deux dynamos différentes.

Pothuau. — Sur le *Pothuau*, nous retrouvons, dans le tableau de répartition les commutateurs bipolaires formés de deux commutateurs jumelés (*fig.* 26). Ce tableau de répartition, desservi par quatre dynamos, alimente :

1° Un tableau de distribution d'*éclairage;*

2° Un circuit des *projecteurs*, allant à deux tableaux de distribution AV et AR;

3° Un circuit de *monte-charges tribord;*

4° Un circuit de *monte-charges bâbord;*

5° Un circuit de *ventilateurs.*

Il y a donc cinq commutateurs à quatre directions formés de deux commutateurs jumelés.

Éclairage. — Le tableau de distribution d'*éclairage*, construit avec la bande positive dédoublée, pour l'introduction de l'ampèremètre dans chaque circuit séparément, alimente quatre circuits :

Jour tribord, jour bâbord, nuit, feux de route.

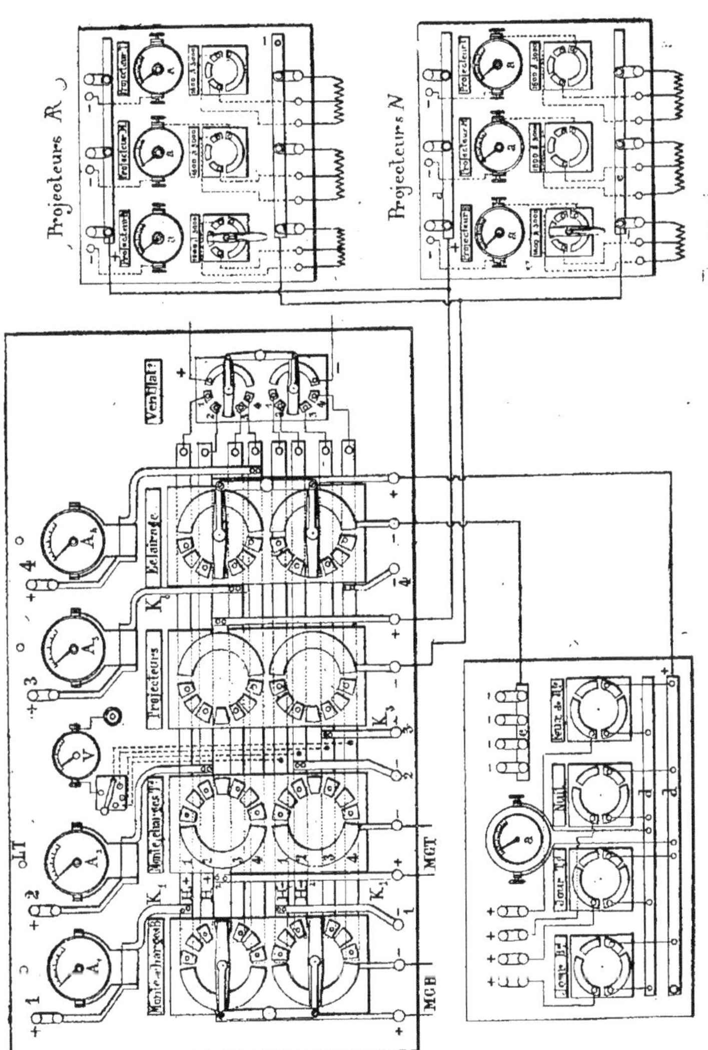

Fig. 26. — Tableaux de répartition et de distribution du *Pothuau*.

Les deux circuits de *jour tribord et bâbord* assurent l'éclairage des parties situées sous le pont cuirassé. Partant du tableau situé vers l'AV, ils émettent deux branches, l'une allant jusqu'à l'extrême AV, l'autre jusqu'à l'AR, sous le pont cuirassé. A chaque cloison étanche, une greffe se détache de chaque bord pour assurer l'éclairage des divers locaux du compartiment.

Pour se garantir contre une extinction complète, dans les locaux possédant plusieurs lampes, celles-ci sont par moitié sur le circuit de tribord et sur le circuit de bâbord.

Les lampes des soutes sont groupées, par soute, sur un tableau situé à l'entrée de la soute et surmonté d'un commutateur bipolaire permettant de prendre le courant sur le circuit de tribord ou sur celui de bâbord.

Le circuit de *nuit* unique assure l'éclairage de la partie supérieure du bâtiment en émettant des branchements convenables pour desservir, de chaque bord, les divers étages du navire. On ne cherche plus ici à prendre les précautions contre l'extinction, que nous avons signalées pour le circuit de jour.

C'est par ce circuit de nuit que sont alimentées les lampes de *signaux* et les *réflecteurs*.

Projecteurs. — Le circuit des *projecteurs* se divise à la sortie du tableau de répartition en deux branchements; l'un d'eux s'en va au tableau de distribution des projecteurs AV situé dans le compartiment des auxiliaires AV.

L'autre va rejoindre, au moyen de tuyaux protecteurs en cuivre, à travers les chaufferies et les machines, les deux bandes du tableau des projecteurs AR.

Bien que chaque circuit de projecteur ait son ampèremètre spécial, et que, par suite, les tableaux des projecteurs auraient pu ne comporter que des interrupteurs intercalés sur chaque circuit, on a néanmoins conservé des commutateurs à deux directions permettant d'introduire sur chaque circuit de projecteur la résistance correspondant à un arc de 45 ou de 65 ampères (1,600 ou 3,000 becs).

Monte-charges. — Les deux circuits des *monte-charges tribord et bâbord* se divisent, au sortir du tableau de répartition, en deux branchements dont l'un va vers l'AV, l'autre vers l'AR, sous le pont cuirassé, en traversant les machines et chaufferies dans des tuyaux en cuivre.

De ces conducteurs, qui vont ainsi d'un bout à l'autre du navire à tribord et à bâbord, se détachent cinq greffes :

Les premières vont aux moteurs électriques de la tourelle A.

Les deuxièmes vont aux monte-charges de la soute AV,
Les troisièmes vont aux monte-charges de la soute milieu,
Les quatrièmes vont aux monte-charges de la soute AR,
Les cinquièmes vont aux moteurs électriques de la tourelle AR.

Les deux greffes de tribord et de bâbord viennent aboutir à un commutateur bipolaire à deux directions, placé près du monte-charge qu'il commande; de sorte qu'il est possible pour un électro-moteur quelconque de prendre le courant sur l'un ou l'autre circuit, tribord ou bâbord.

3° *Jemmapes*, *Valmy*, *Isly*, *Chanzy*, *Amiral-Duperré*, *Courbet*.

Au point de vue général, l'installation à bord de ces navires est caractérisée par la réunion des appareils mécaniques, pour la distribution du courant, soit aux projecteurs, soit à l'incandescence. Le tableau de répartition dessert uniquement les tableaux de distribution d'*incandescence* et des *projecteurs*.

Jemmapes et Valmy. — La distribution est particulièrement caractérisée à bord du *Jemmapes* et du *Valmy* par une distinction très incomplète du rôle du tableau de répartition et des tableaux de distribution.

Le tableau de répartition permet bien d'envoyer le courant d'une quelconque des quatre dynamos soit au tableau de distribution d'*incandescence*, soit à celui des *projecteurs* et *treuils;* mais il permet aussi d'envoyer en même temps le courant de plusieurs dynamos à un même tableau. Ainsi qu'on peut le voir dans la figure 27, c'est simplement au moyen de barrettes de jonction qu'on établit la communication des pôles d'une dynamo avec les conducteurs allant à l'un ou l'autre des tableaux de distribution.

On peut même réunir ainsi les deux tableaux. Aussi le tableau de distribution d'incandescence doit-il comprendre les commutateurs à quatre directions qui manquent au tableau de répartition. Ces commutateurs sont au nombre de deux (un pour les positifs, un pour les négatifs). Ils permettent de relier la bande positive et la bande négative du tableau d'incandescence aux pôles *d'une dynamo seulement à la fois.*

Il faut remarquer que la bande positive comme la bande négative du tableau d'incandescence ont été dédoublées simplement pour la commodité de la disposition des bornes où aboutissent les extrémités des circuits.

Des interrupteurs rapides sont intercalés sur chacun des circuits de manière qu'après avoir manœuvré les commutateurs à quatre directions pour mettre une dynamo en communication avec les bandes du tableau, on puisse fermer ou ouvrir isolément un circuit quelconque.

Les circuits alimentés sont :

Jour tribord, jour bâbord, nuit tribord, nuit bâbord, feux de route, signaux, feux extérieurs.

Le tableau des projecteurs comprend un commutateur à quatre directions pour chacun des conducteurs positifs des circuits de projecteurs ou treuils. Ce tableau ressemble dès lors beaucoup aux tableaux de distribution d'autrefois, avec quatre bandes de distribution (une par dynamo) et des bandes communes où viennent aboutir tous les négatifs des circuits et ceux des dynamos. Un ampèremètre est intercalé sur chaque circuit de projecteur.

Cette combinaison d'un tableau de répartition insuffisant et de tableaux de distribution disparates a besoin d'être expliquée.

L'idée première d'où est résultée la création des tableaux de répartition, c'est qu'une dynamo devait être consacrée à chacun des services : *incandescence, projecteurs, monte-charges et autres appareils mécaniques*. Le tableau de répartition avait donc pour rôle de relier une dynamo, et *une seule*, avec un tableau de distribution desservant un des groupes d'appareils correspondant aux trois services que nous venons d'énumérer.

Sur les navires importants, comme les cuirassés ou les grands croiseurs, les dynamos sont puissantes. l'éclairage intérieur peut très bien exiger une des dynamos, les projecteurs pouvant être alimentés par une seconde et les monte-charges par une troisième, combinaison que le tableau de répartition ordinaire permet de réaliser le plus simplement du monde.

Mais sur les bateaux tels que le *Jemmapes* et le *Valmy*, qui sont pourvus de dynamos de 200 ampères seulement et qui possèdent cinq projecteurs, il n'est pas possible d'alimenter tous les projecteurs à la fois avec une seule dynamo. Le tableau de répartition ordinaire permettant de mettre en totalité les projecteurs sur une dynamo, ne peut plus convenir et c'est pour cette raison que le tableau de distribution des projecteurs a été reconstruit avec des bandes de distribution en nombre égal à celui des dynamos et des commutateurs à plusieurs directions permettant de relier chacun des projecteurs à l'une ou l'autre des dynamos. On peut ainsi employer plusieurs dynamos pour alimenter tous les projecteurs, sans couplage possible de ces dynamos. La même raison n'existait pas pour l'incandescence, mais il fallait éviter le couplage des dynamos: de là les deux commutateurs mul-

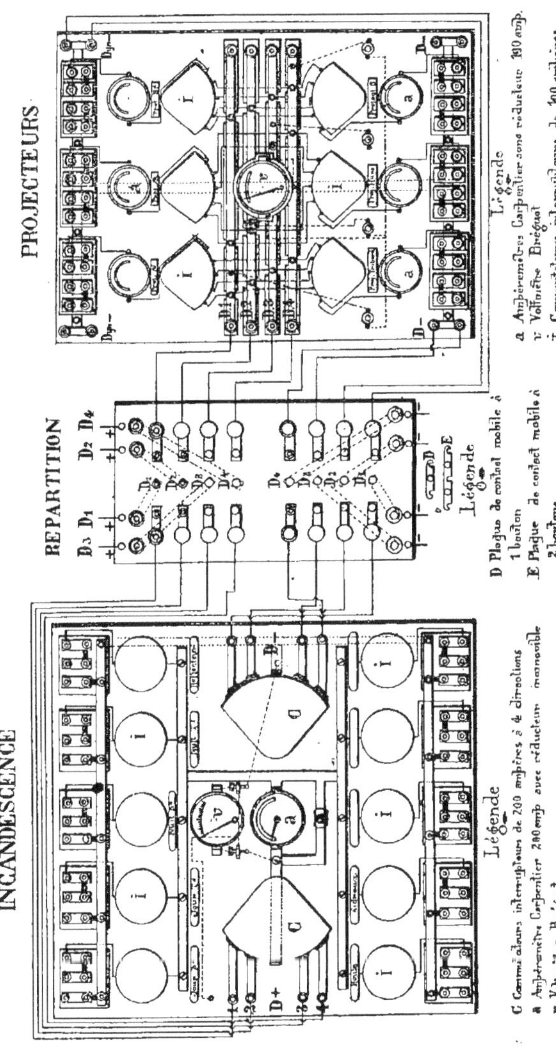

Fig. 27. — Tableaux de répartition et de distribution du *Jemmapes* et du *Valmy*.

tiples placés sur le tableau d'incandescence et permettant de relier la *totalité* du tableau d'incandescence à l'une ou l'autre ces dynamos.

ISLY. — L'installation de l'*Isly* est faite d'après les mêmes principes.

CHANZY. — Sur le *Chanzy*, le tableau de répartition dessert encore deux tableaux de distribution, un tableau des *projecteurs* et un tableau d'*incandescence* sur lequel on a ajouté les *ventilateurs* et les *treuils*.

AMIRAL-DUPERRÉ ET COURBET. — Les tableaux de ces deux cuirassés sont établis sur les mêmes principes que ceux des navires précédents.

4°. *Amiral-Charner*, *Bruix*.

Les tableaux de l'*Amiral-Charner* et du *Bruix* et leurs liaisons dérivent de la même idée que celle qui domine les installations précédentes, à savoir que le tableau des *projecteurs* doit permettre d'alimenter une partie des projecteurs par une dynamo et le reste par une autre dynamo. Ici cependant, la nécessité de cette combinaison n'était pas aussi urgente que sur le *Jemmapes*, le *Valmy* et l'*Isly*. L'*Amiral-Charner* et le *Bruix* possèdent en effet chacun trois dynamos de 400 ampères, et chacune est suffisante pour alimenter les six projecteurs dont ces navires sont munis.

Mais alors que les tableaux d'incandescence du *Jemmapes*, du *Valmy* et de l'*Isly* comprennent des commutateurs multiples généraux disposés pour éviter tout couplage des dynamos, l'*Amiral-Charner* et le *Bruix* ont des tableaux d'*incandescence* semblables à ceux créés primitivement, de sorte que non seulement le couplage des dynamos sur ces tableaux n'est pas évité, mais qu'une manœuvre inattentive du tableau de répartition peut amener ce couplage toute les fois que plusieurs dynamos sont en même temps en action.

Nous devons ajouter que l'*Amiral-Charner* et le *Bruix* n'ont aucun électromoteur.

Ces raisons nous ont conduit à faire une classe à part des installations de ces bâtiments.

AMIRAL-CHARNER. — La figure 28 représente le tableau de répartition de l'*Amiral-Charner* et les tableaux de distribution d'*incandescence* et des *projecteurs* qu'il alimente.

Ce tableau de répartition R comprend trois commutateurs bipo-

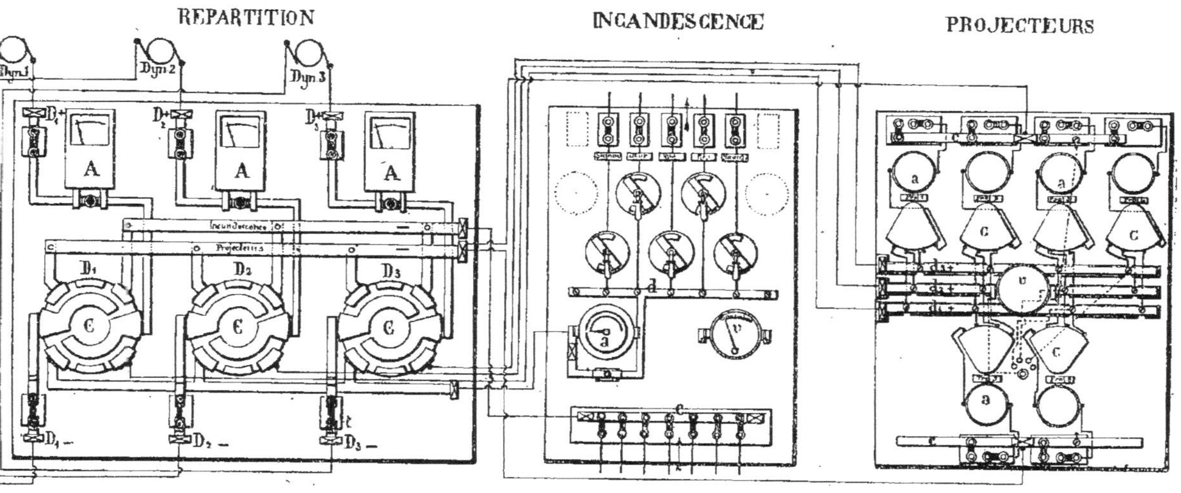

Fig. 28. — Tableaux de répartition et de distribution de l'*Amiral-Charner*.

laires C à deux directions, qui permettent de relier les deux pôles de chacune des trois dynamos du bâtiment soit au tableau d'*incandescence* I, soit au tableau des *projecteurs* P.

A cet effet, les deux bandes *d* et *c* du tableau d'*incandescence* I sont réunies à deux bandes placées sur le tableau de répartition et les commutateurs C relient à ces bandes les pôles de l'une quelconque des dynamos, ce qui, évidemment, permet le couplage de celles-ci en quantité.

Or, si ce couplage des dynamos, quand il est voulu et préparé à l'avance, peut se faire sans inconvénient et qu'il est même actuellement entré en service, il devient dangereux et entraîne presque toujours des avaries dans les dynamos, s'il est fortuit et non prévu.

Le tableau des projecteurs, au contraire, s'il porte encore une seule bande commune négative *c*, divisée en deux tronçons pour la commodité du placement des commutateurs, a, en revanche, trois bandes positives distinctes *d* correspondant à chaque dynamo, les commutateurs du tableau de répartition permettant de relier le pôle positif d'une quelconque des dynamos à sa bande particulière du tableau de distribution des projecteurs, en même temps que le pôle négatif est relié à la bande commune négative. Aucun couplage ne saurait donc en résulter.

Naturellement et comme précédemment, les commutateurs C du tableau des projecteurs, au nombre de 6, sont à trois directions.

Le tableau d'incandescence ne comporte, lui, que des interrupteurs rapides, commandant les circuits :

Jour, J; *mer*, M; *nuit*, N; *navigation*, N_a; *signaux*, S.

Bruix. — L'installation du Bruix, fort semblable en principe à celle de l'*Amiral-Charner*, n'en diffère guère que par la forme des commutateurs bipolaires à deux directions du tableau de répartition. Ces commutateurs consistent (*fig.* 29) en une tige verticale *t*, à laquelle on peut donner un mouvement de bas en haut, malgré un ressort antagoniste *r*, qui tend à la tirer vers le bas. La tige peut prendre trois positions : une position intermédiaire de repos et deux positions en haut et en bas, pour lesquelles le commutateur établit la communication des pôles d'une dynamo soit avec le tableau d'*incandescence* I, soit avec le tableau des *projecteurs* P.

A cet effet, la tige verticale porte trois renflements *m* isolés d'elle et formant contacts mobiles.

D'autre part, à la partie supérieure et disposés de chaque côté de la tige verticale, sont quatre frotteurs élastiques *f*, opposés deux à deux; il y a également quatre frotteurs à la partie inférieure, également opposés deux à deux et disposés de part et d'autre de la tige verticale munie de ses bourrelets. Si l'on manœuvre la tige vers le haut, le bourrelet intermédiaire et le supérieur viennent pénétrer à frottement entre les paires de frotteurs supérieurs et établir la communication entre ceux de droite et ceux de gauche. Il en est de même pour les frotteurs inférieurs, si on pousse la tige vers le bas.

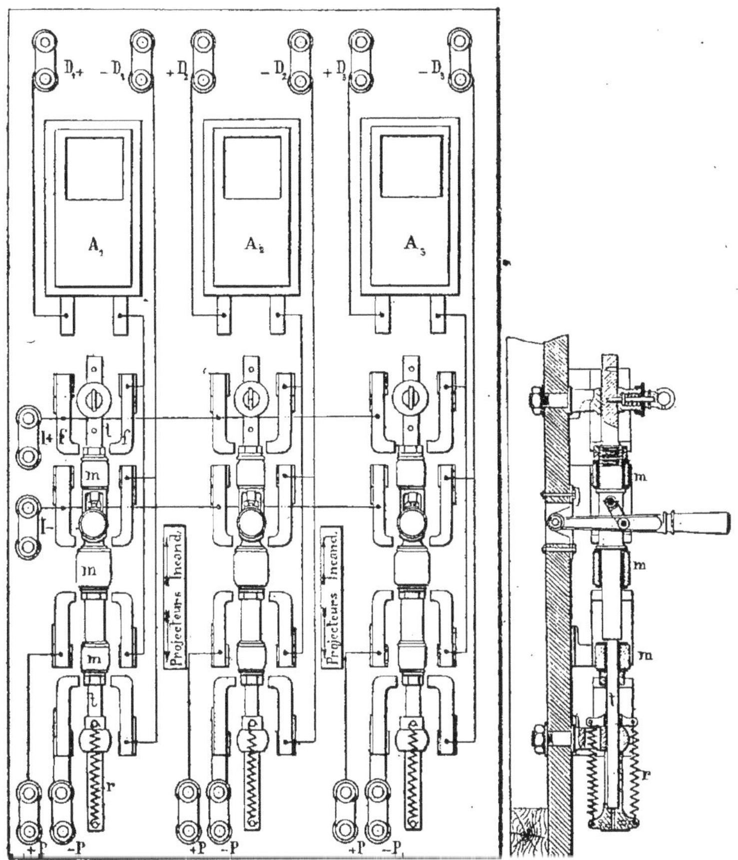

Fig. 29. — Tableau de répartition du *Bruix*.

Comme on le voit sur la figure 29, les frotteurs de droite, tant les supérieurs que les inférieurs, sont reliés, pour chaque commutateur, aux pôles d'une dynamo.

Les frotteurs supérieurs de gauche correspondent au tableau d'*incandescence* I, les frotteurs inférieurs de gauche au tableau des *projecteurs* P. Mais, alors que tous les frotteurs supérieurs de gauche (*Incandescence*) sont réunis entre eux trois par trois et ces deux groupes aux deux bandes du tableau de distribution d'incandescence, les frotteurs inférieurs de gauche vont aboutir séparément aux bandes multiples du tableau des projecteurs. Celui-ci comporte encore des commutateurs à plusieurs directions, tandis que le tableau d'incandescence n'a que des interrupteurs rapides.

Le couplage des dynamos peut encore se produire par inadvertance sur le tableau d'incandescence.

5° *Pascal.*

Pascal. — Nous avons mis à part la disposition des appareils de distribution du *Pascal,* parce qu'elle présente une particularité qu'on n'avait pas encore eu l'occasion de rencontrer jusqu'alors. Dans les installations précédentes, où il existait un tableau de répartition, les commutateurs de ce dernier mettaient directement en relation les dynamos soit avec les tableaux de distribution, soit avec les circuits particuliers.

Dans l'installation du *Pascal,* la répartition se fait, pour ainsi dire, en deux temps, les commutateurs du tableau de répartition mettant en communication les dynamos avec d'autres commutateurs bipolaires à plusieurs directions, lesquels finalement envoient le courant soit aux tableaux de distribution, soit dans des circuits particuliers.

La figure 30 montre la disposition du tableau de répartition et des tableaux de distribution d'incandescence et des projecteurs desservis par lui.

On y voit d'abord trois grands commutateurs *g* bipolaires rectilignes à trois directions, sur lesquels nous donnerons plus loin quelques indications. Ces commutateurs permettent de mettre en relation les deux pôles d'une quelconque des trois dynamos du navire avec une des trois paires de bandes verticales jouant le rôle de circuits et numérotées 1, 2, 3 (pour chaque pôle). Au-dessus, on voit cinq commutateurs circulaire doubles, également à trois directions et dont les plots de contact sont également numérotés 1, 2, 3 (pour chaque pôle). Ces plots sont reliés aux bandes verticales correspondantes des grands commutateurs rectilignes. Ces commutateurs commandent cinq circuits :

α. *Incandescence*, allant au tableau d'incandescence;

β. *Projecteurs*, allant au tableau des projecteurs;

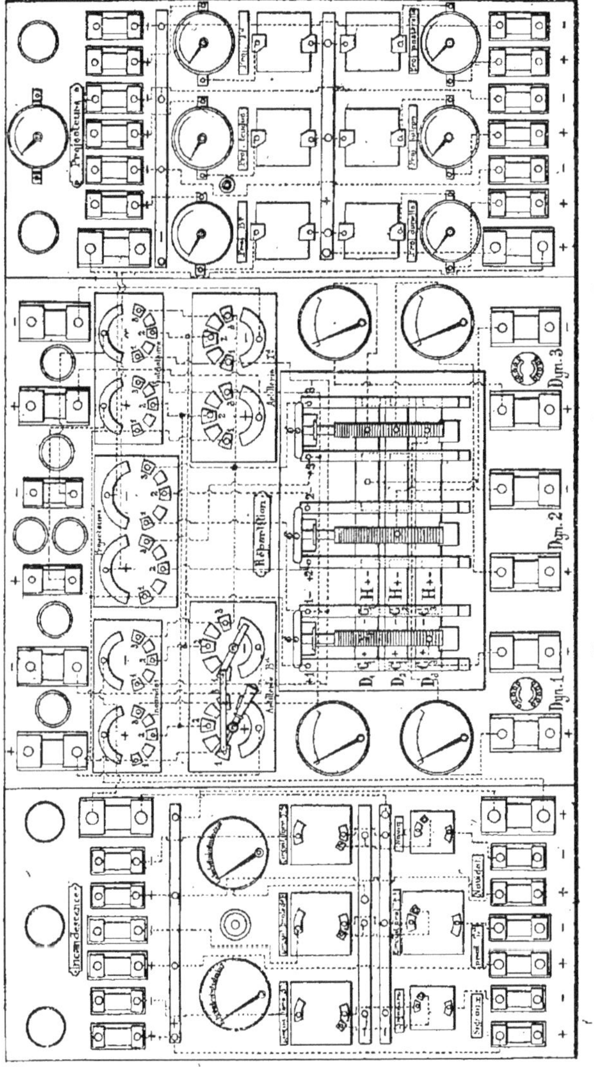

Fig. 30. — Tableaux de répartition et de distribution du *Pascal*.

γ. *Artillerie tribord*, desservant directement les monte-charges;
δ. *Artillerie bâbord*, desservant directement les monte-charges;
ε. *Ventilateurs*, desservant directement les ventilateurs.

Le tableau d'incandescence dessert lui-même six circuits secondaires :

Circuit protégé tribord, circuit protégé bâbord, circuit libre tribord, circuit libre bâbord, signaux, navigation.

Les commutateurs ne présentent rien de particulier, ils sont à deux directions, parce que, comme presque toujours, une des bandes, la négative ici, est dédoublée pour permettre l'introduction de l'ampèremètre dans l'un ou l'autre des circuits séparément.

Le tableau des projecteurs a des interrupteurs rapides. Comme toujours, les monte-charges peuvent être alimentés par le circuit tribord ou bâbord à volonté.

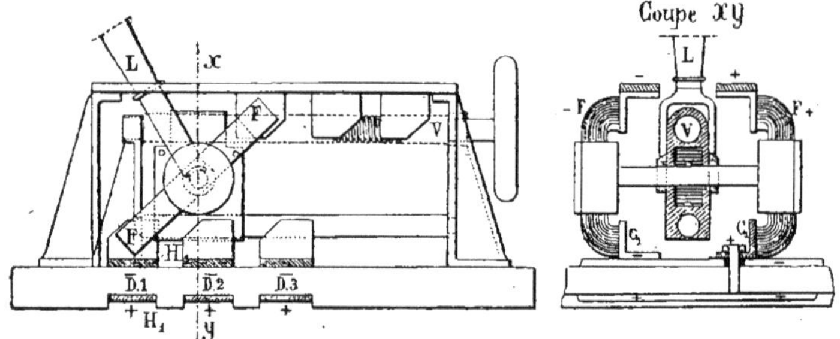

Fig. 31. — Détails d'un commutateur du tableau de répartition du *Pascal*.

Le détail des grands commutateurs de répartition est indiqué dans la figure 31, qui doit être rapprochée de la figure 30. Chaque commutateur comprend une vis V, qu'on peut manœuvrer à l'aide d'un volant. Un curseur est entraîné par la vis et peut occuper trois positions distinctes. Ce curseur porte des frotteurs élastiques F+ et F—.

D'autre part, les deux pôles de chaque dynamo sont reliés à une paire de bandes horizontales superposées l'une à l'autre et isolées (H_1 + et —). La bande négative porte un contact latéral (C_1 —) et la bande positive un autre contact (C_1 +), traversant la négative tout en en restant isolée. A l'aide d'un levier à ressort L, on met en contact les frotteurs F+ et F— avec les contacts C_1 + et C_1 — de la première dynamo, ou, dans une autre position, avec les contacts correspondant à une autre dynamo.

IV. — Emploi de plusieurs tableaux généraux de répartition et de plusieurs tableaux de distribution ou de service, les dynamos étant divisées en plusieurs groupes.

Généralités. — Lorsque le principe de l'emploi des tableaux généraux de répartition fut établi, on en fit l'application aux installations de grands navires, où, par mesure de sécurité, les dynamos étaient divisées en deux groupes, placés dans des locaux différents. En principe, chaque groupe de dynamos devait posséder son tableau de répartition et des tableaux de distribution en nombre égal au nombre des genres différents d'appareils à desservir, c'est-à-dire le plus souvent trois : *incandescence, projecteurs, moteurs électriques.*

A l'origine, l'installation des deux postes était identique et de chacun d'eux on devait pouvoir alimenter n'importe quel appareil avec une dynamo quelconque, cette dynamo fît-elle partie du groupe autre que celui auquel étaient rattachés les tableaux dont on devait faire usage pour la manœuvre.

Des précautions devaient encore être prises pour éviter de mettre simultanément, en manœuvrant des deux postes à la fois, deux dynamos différentes en communication avec le même circuit, ce qui eût amené le couplage des dynamos et des avaries presque inévitablement.

Comme dans le cas de l'emploi de deux tableaux de distribution généraux identiques (voir *Marceau*), il devait en résulter des liaisons supplémentaires entre les tableaux de répartition, en outre des liaisons normales entre les tableaux de distribution auxquels aboutissaient de part et d'autre les mêmes circuits.

De telles installations étaient fort compliquées, coûteuses, d'une manœuvre lente et d'une sécurité toujours aléatoire. Elles existent en fort petit nombre.

Tout en conservant le principe de deux tableaux de répartition distincts placés au voisinage de chaque groupe de dynamos, on ne fit plus ces tableaux identiques. L'un d'eux fut chargé de commander directement une partie des circuits, l'autre le reste. Ces tableaux de distribution n'ont plus alors aucune liaison directe. Cependant, pour qu'on pût aisément, en temps ordinaire, alimenter toute l'installation avec les dynamos d'un seul groupe, ce qui devait faciliter la surveillance du fonctionnement; pour permettre aussi d'établir facilement un roulement de service entre les dynamos, des liaisons auxiliaires furent établies entre les tableaux de répartition, en petit nombre et suivant un mode rationnel évitant absolument tout couplage accidentel des dynamos.

Sur la plupart des navires ayant ces installations, on peut, sinon réaliser ainsi toutes les combinaisons de dynamos et de circuits, au moins assurer le service régulier d'une manière commode, dans presque tous les cas, ce qui est l'essentiel.

Comme nous l'avons déjà indiqué, en même temps que se transformaient les tableaux et leurs modes de liaisons, une évolution parallèle se produisait dans la canalisation générale.

Les circuits d'incandescence étaient progressivement réduits à quatre ou même à trois. Le principe de la séparation de la canalisation *protégée* (sous le pont cuirassé) de celle *non protégée* (étages supérieurs) était de plus en plus nettement appliqué. Les circuits d'*incandescence* se réduisirent peu à peu à : *incandescence protégée, tribord* et *bâbord* et *incandescence non protégée.* Des synonymes nombreux sont employés d'ailleurs pour désigner ces mêmes circuits; nous en avons déjà vu quelques-uns. Tels sont *jour* et *nuit, fonds* et *étages supérieurs.* De plus en plus souvent, pour assurer l'éclairage des parties du navire situées sous le pont cuirassé, on alimenta une partie des lampes d'un compartiment par tribord et l'autre partie par bâbord; certaines lampes peuvent même, à volonté, être reliées à tribord ou à bâbord, grâce à des commutateurs à deux directions.

La plupart du temps, le tableau de distribution destiné à desservir les circuits d'éclairage proprement dit disparut, et on ne réunit, sur un petit *tableau de service,* que les circuits auxiliaires des *signaux, feux de route, feux extérieurs,* etc.

Pour les *moteurs électriques, monte-charges* et *ventilateurs,* la révolution fut plus radicale encore, comme d'ailleurs nous l'avons déjà indiqué. Tout tableau de distribution fut supprimé. Deux circuits *tribord* et *bâbord* partant directement des tableaux de répartition furent élongés dans toute la longueur du navire, et chacun des appareils mécaniques put, au moyen d'un commutateur bipolaire à deux directions, être alimenté par l'un ou l'autre bord, à volonté. Quelquefois on établit une canalisation spéciale pour les *moteurs non protégés.*

Les projecteurs seuls conservèrent leur tableau de distribution spécial, appelé aussi cependant à disparaître dans les installations toutes récentes.

Pour ces projecteurs mêmes, ou tout au moins les projecteurs des hunes, considérés comme d'une importance plus grande que les autres, on fit presque toujours usage de l'alimentation à volonté par l'un ou l'autre des deux circuits distincts.

Nous allons examiner successivement un certain nombre de types d'installation se rattachant à la classe que nous étudions en ce moment.

1° *Magenta*, *Suchet*.

Magenta. — L'installation du *Magenta* fut la première, à notre connaissance, exécutée avec deux tableaux de répartition placés dans des locaux différents, chacun près d'un groupe de dynamos.

A bord de ce navire, des quatre dynamos à 400 ampères, deux se trouvent à *tribord*, deux à *bâbord*, dans des compartiments séparés par une cloison et situés vers le milieu du bâtiment.

Dans chaque compartiment se trouvent :

1° Un tableau de *répartition*;

2° Un tableau de distribution d'*incandescence*;

3° Un tableau de distribution de *projecteurs*;

4° Un tableau de distribution de *monte-charges*.

Nous ne parlerons pas, pour ce navire, pas plus que pour les autres, du tableau des accumulateurs, aujourd'hui débarqués.

Tableaux de répartition. — Chaque tableau de répartition se compose de trois commutateurs bipolaires formés de commutateurs doubles à plusieurs directions, analogues à ceux du *Pothuau* (*fig*. 26). Seulement, alors que le tableau de tribord est disposé pour fonctionner avec les quatre dynamos, celles de bâbord comme celles de tribord, le tableau de bâbord ne peut employer que les deux dynamos qui se trouvent dans le même compartiment.

Tableaux de distribution. — Les tableaux de distribution d'*incandescence*, des *projecteurs* et des *monte-charges* n'ont rien de particulier : ils sont tous les trois disposés avec une bande négative unique et une bande positive dédoublée, avec interposition d'un ampèremètre pour mesurer l'intensité du courant dans un circuit quelconque. Les projecteurs n'ont pas encore chacun un ampèremètre comme dans les installations plus récentes.

Les circuits d'incandescence ne sont pas encore séparés en circuits protégés et circuits non protégés : on a encore les circuits de *jour*, de *mer*, de *nuit*, dont chacun alimente les lampes placées un peu partout. De plus, au lieu que ces circuits soient dédoublés par bord et qu'on ait le circuit de *jour tribord* et celui de *jour bâbord*, par exemple, on a le circuit de *jour AV* et celui de *jour AR*. Les divers circuits, au lieu de suivre longitudinalement le navire, à tribord ou à bâbord, forment des boucles à l'avant ou à l'arrière. Par exemple, le circuit *jour* Av partant du tableau tribord passe au voisinage du tableau bâbord auquel il est relié, longe le navire à bâbord vers l'avant, traverse le navire et vient au tableau tribord en longeant le navire à tribord.

Suchet. — L'installation du *Suchet* comprend encore deux tableaux de répartition, un à l'avant, l'autre à l'arrière, dans chacun des postes, trois tableaux de distribution, un pour l'*incandescence*, un pour les *projecteurs* et *ventilateurs* et un autre pour les *monte-charges*.

Les tableaux de répartition sont identiques, et de chaque poste on peut utiliser une quelconque des dynamos ; il existe une dynamo de 400 ampères dans le compartiment des auxiliaires Av et deux dynamos de 200 ampères dans le compartiment des auxiliaires AR.

Les tableaux de répartition comprennent trois commutateurs doubles à trois directions, comme les tableaux du *Magenta*, pour desservir les trois tableaux de distribution, *incandescence, projecteurs, monte-charges*.

En outre de ces trois commutateurs doubles desservant les trois tableaux, il existe un quatrième commutateur spécial pour réunir le tableau de répartition AR au tableau de répartition Av. Ce commutateur (placé à droite) permet d'envoyer au tableau de répartition Av le courant d'une des deux dynamos de l'AR, ou de recevoir, au contraire, au tableau AR, le courant de la dynamo Av. Deux conducteurs formant un seul circuit auxiliaire servent donc à relier les deux commutateurs spéciaux. Une sonnerie électrique permet d'avertir du danger de couplage des dynamos de l'AR avec celle de l'Av. L'avertissement est donné automatiquement par la manœuvre du commutateur spécial, dont le levier porte à cet effet des cames qui appuyent sur des interrupteurs placés sur le circuit de la sonnerie.

Les tableaux de distribution ne présentent rien de bien particulier. Ils sont identiques aux deux postes AR et Av.

2° *Carnot, Charles-Martel, Masséna, Gaulois et Charlemagne, Amiral-Tréhouart.*

Carnot. — L'installation du *Carnot* est un des exemples assez complets de l'application des règles nouvelles qui ont été mises en vigueur en 1895, et que nous avons rappelées plus haut : spécialisation des tableaux de répartition, réduction du tableau d'incandescence au service des circuits auxiliaires et des étages supérieurs, séparation nette

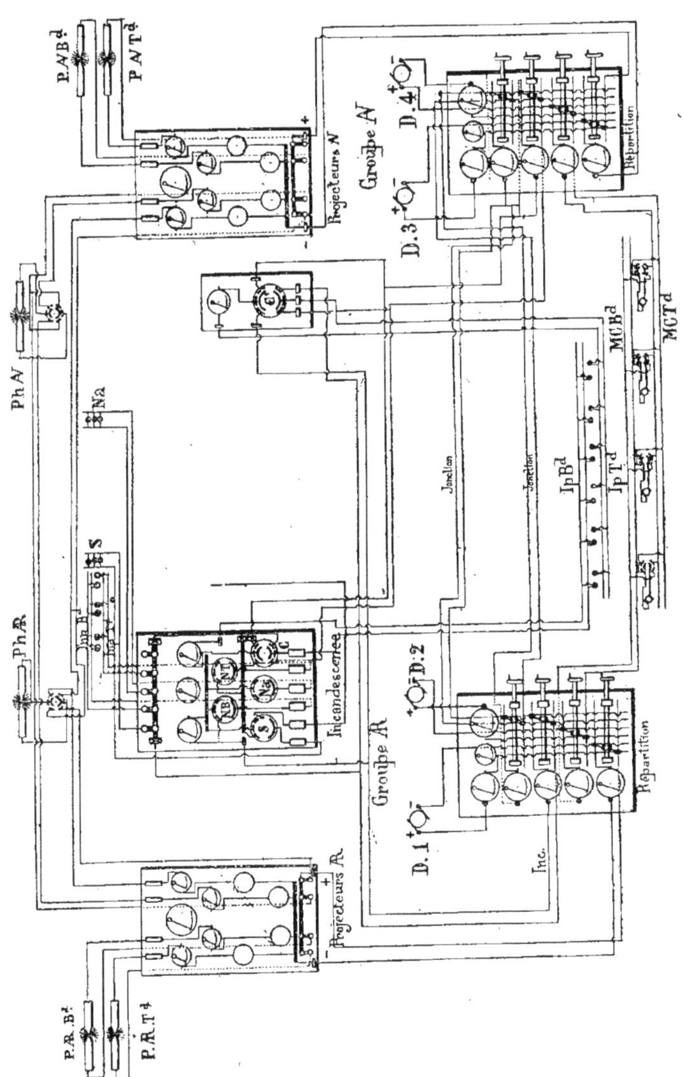

Fig. 32. — Schéma de la distribution du *Carnot*.

des circuits desservant les parties situées sous le pont cuirassé, des circuits desservant les parties non protégées, alimentation des appareils par les deux bords à volonté, etc.

Le *Carnot* a ses dynamos divisées en deux groupes, deux dynamos se trouvant à l'Av et deux à l'Ar.

Près de chaque groupe se trouve un tableau de répartition, dont le type est celui des tableaux du *D'Assas* (*fig.* 21 *et* 22).

Répartition. — Au poste Av, le tableau de répartition comprend (*fig.* 32) :

1° Trois paires de bandes verticales ou *bandes-sources*. Deux paires de ces bandes sont reliées aux pôles des deux dynamos du groupe. De la troisième paire partent les deux conducteurs d'un circuit, dit de *jonction*, ou *auxiliaire*, reliant le tableau de répartition Av au tableau Ar. Ce premier circuit de jonction joue donc le rôle de *source*, au tableau Av. Il permettra d'amener à l'Av le courant des dynamos de l'Ar;

2° Quatre paires de bandes horizontales, ou *bandes-circuits*. Chaque paire de bandes horizontales est reliée aux conducteurs positif et négatif d'un circuit.

Les quatre circuits sont :

α. *Projecteurs* Av, allant au tableau des *projecteurs* Av;

β. *Appareils auxiliaires tribord* MCT[d], desservant directement les monte-charges, ventilateurs, servo-moteur de la barre, etc.;

γ. *Circuit tribord d'incandescence protégée* IpT[d], desservant, par tribord, les lampes des étages situés sous le pont cuirassé. Sur ce circuit est intercalé un commutateur placé à part, et dont nous parlerons tout à l'heure;

δ. *Circuit de jonction*, permettant d'envoyer à l'Ar le courant d'une des dynamos de l'Av.

Au poste Ar, le tableau de répartition comprend :

1° Trois paires de *bandes-sources* verticales pour les deux dynamos de l'Ar et *circuit de jonction* permettant d'amener à l'Ar le courant d'une dynamo de l'Av;

2° Quatre paires de *bandes-circuits* horizontales desservant les quatre circuits suivants :

α. *Projecteurs* Ar allant au tableau des *projecteurs* Ar;

β. *Appareils auxiliaires bâbord*, MCB[d], alimentant directement par bâbord les monte-charges, ventilateurs, etc.;

γ. *Circuit d'incandescence*, I_n, allant au tableau d'*incandescence;*

δ. *Circuit de jonction*, permettant d'envoyer à l'*Av* le courant d'une des dynamos de l'*Ar*.

Tout d'abord, constatons que l'un des circuits de jonction joue le rôle de source à l'*Ar* et de circuit à l'*Av*. L'autre joue le rôle de source à l'*Av* et de circuit à l'*Ar*.

Incandescence. — A l'*Ar* se trouve un tableau de distribution d'incandescence.

Des commutateurs unipolaires à deux directions permettent de relier facilement les conducteurs des circuits, *nuit tribord* et *bâbord*, NT^d et NB^d (incandescence *non protégée* ou des *étages supérieurs*) et *navigation* N_a, à la bande positive, à laquelle aboutit le conducteur positif venant du tableau de répartition, directement ou par l'intermédiaire d'un ampèremètre. Les négatifs de ces circuits vont tous à la bande négative, à laquelle aboutit le conducteur négatif venant du tableau de répartition. Il en est de même pour le circuit *signaux* S, sauf que le commutateur qui le dessert porte un plot supplémentaire destiné originairement à l'alimentation de ce circuit par une batterie d'accumulateurs qui n'a d'ailleurs jamais été embarquée.

Sur ce même tableau d'incandescence, nous trouvons un commutateur C bipolaire à deux directions pour relier le circuit *Jour bâbord* (*étages protégés*), I_pB^d, soit au tableau de distribution d'incandescence, c'est-à-dire au tableau de répartition *Ar*, soit au tableau de répartition *Av*, par l'intermédiaire du circuit d'incandescence protégée tribord émanant de ce tableau.

Un pareil commutateur C′ bipolaire à deux directions existe également près du tableau de répartiteur *Av*. Il permet de relier le circuit I_pT^d, *incandescence protégée tribord* (*Jour tribord*), soit au tableau de répartition *Av*, soit au tableau de répartition *Ar*.

Ainsi nous trouvons encore sur le *Carnot*, en outre des liaisons des tableaux de répartition par des circuits de jonction, ou auxiliaires, des conducteurs reliant séparément des circuits. Par le fait, il y a encore ici quatre circuits permettant de relier le poste *Av* avec le poste *Ar*.

Ces jonctions autres que les deux circuits auxiliaires principaux font double emploi et disparaîtront dans les installations plus récentes encore.

Projecteurs. — Les tableaux des projecteurs ressemblent à un grand nombre de ceux déjà vus; chaque projecteur a son ampèremètre; des interrupteurs rapides sont seuls nécessaires. Le tableau des *projecteurs AV* alimente les deux projecteurs de sabord de la batterie AV et les deux projecteurs de hune. Le tableau des *projecteurs AR* alimente les deux projecteurs de la plage AR et les deux projecteurs de hune. Ces derniers peuvent donc être alimentés par l'AV ou par l'AR. Ils sont munis à cet effet de commutateurs bipolaires à deux directions.

Monte-charges, ventilateurs, etc. — Deux circuits tribord et bâbord partant des tableaux de répartition AV et AR alimentent tous les électromoteurs. Chacun de ceux-ci peut, grâce à un commutateur bipolaire à deux directions, recevoir le courant par tribord ou bâbord, c'est-à-dire de l'AV ou de l'AR.

Remarques générales. — 1° Aucun couplage des dynamos n'est possible, même par une manœuvre maladroite. Il n'est donc besoin d'aucun appareil de sécurité.

2° D'une manière générale, et grâce aux deux circuits auxiliaires, on peut desservir n'importe quel circuit avec une quelconque des dynamos, en manœuvrant un des deux tableaux de répartition AR ou AV. Cependant il y a quelques combinaisons qui ne peuvent être réalisées.

Ainsi, bien que l'incandescence des circuits non protégés, les signaux, les feux de navigation, etc., soient alimentés par le tableau de distribution d'incandescence situé à l'AR, on peut réunir toute l'incandescence sur une des dynamos de l'AV, la dynamo n° 3, par exemple. Il faut pour cela : 1° manœuvrer le tableau de répartition AV de manière à mettre le circuit d'*incandescence non protégée tribord* en communication avec cette dynamo; 2° manœuvrer le commutateur spécial bipolaire à deux directions situé à l'AV, de manière à assurer la communication du circuit partant du tableau AV avec l'*incandescence protégée tribord;* 3° manœuvrer au tableau de répartition AR, de manière à mettre le *circuit d'incandescence* en communication avec le *circuit de jonction-source;* 4° manœuvrer au tableau de répartition AV, de manière à mettre le *circuit de jonction-circuit* en communication avec la dynamo n° 3; 4° enfin, manœuvrer au tableau d'incandescence de l'AR, de manière à mettre les divers circuits d'incandescence commandés par ce tableau en communication avec ses bandes; le commutateur bipolaire à deux directions de ce tableau d'incandescence qui commande l'*incandescence protégée bâbord* pourra d'ailleurs être tourné de manière que ce dernier circuit soit relié comme les autres au tableau d'incandescence, ou qu'il aille rejoindre, à l'AV, le circuit d'*incandescence protégée tribord.*

Mais pendant que la dynamo n° 3 de l'avant fait ainsi toute l'incandescence, on pourrait bien alimenter par le même procédé, avec la même dynamo n° 3, si elle est suffisamment puissante, les projecteurs de l'AV et aussi les projecteurs de l'AR, en reliant le circuit de ces derniers au circuit auxiliaire source du tableau de répartition AR. Mais on ne pourrait, sous peine de coupler les dynamos, alimenter d'une part toute l'incandescence avec la dynamo n° 3 de l'AV et en même temps alimenter tous les projecteurs avec la dynamo n° 4 également de l'AV. Pour y arriver, il faudrait, en effet, relier les projecteurs de l'AR au *circuit de jonction-source* du tableau AR et relier ce circuit de jonction, qui devient *circuit* (horizontal) à l'AV, à la dynamo n° 4; mais ce circuit de jonction étant déjà relié à la dynamo n° 3, cette dernière et la dynamo n° 4 seraient couplées en quantité. Autrement dit, si on peut envoyer le courant d'une dynamo de l'AV à l'AR, on ne peut *en même temps* y envoyer le courant de deux dynamos.

Pour faire toute l'incandescence d'une part avec une dynamo et tous les projecteurs avec une autre, il faut employer une dynamo de l'AV et une dynamo de l'AR. On pourra, en effet, relier à une dynamo de l'AR les projecteurs de l'AV, grâce au *circuit de jonction-source* du tableau AV qui n'a pas encore été employé.

Comme les électromoteurs des monte-charges, ventilateurs, etc., peuvent être isolément reliés soit au tableau de répartition AV, soit au tableau de répartition AR, on pourra toujours, avec une dynamo de l'AV, alimenter tous les électromoteurs.

Charles-Martel. — L'installation du *Charles-Martel* est celle du *Carnot* simplifiée.

Les quatre dynamos sont toujours partagées en deux groupes, deux à l'AV, deux à l'AR. Près de chaque groupe se trouvent :

1° Un tableau de *répartition;*

2°. Un tableau de *projecteurs*.

A l'arrière se trouve en plus un tableau d'*incandescence* très réduit (*fig. 33*).

Répartition. — Les tableaux de répartition sont du même modèle que celui du *Friant* (*fig. 25*). Ils n'en diffèrent que par le nombre des commutateurs bipolaires.

POSTE AVANT.

Le tableau comporte trois paires de bandes horizontales qui sont ici les *bandes-sources*, contrairement aux tableaux du *Carnot*. Deux des paires de bandes-sources sont reliées aux pôles des deux dynamos de l'Av; la troisième paire est reliée aux deux conducteurs du *circuit de jonction-source.*

Il existe, à ce tableau Av, quatre commutateurs bipolaires dont les deux branches verticales (bandes-circuits) correspondent aux circuits suivants :

α. *Projecteurs Av*, allant au tableau des projecteurs Av;

β. *Circuit de jonction-circuit,* allant au tableau de répartition Ar jouer le rôle de source;

γ. *Incandescence protégée tribord,* I_pT^d, alimentant directement les lampes des locaux protégés par tribord;

δ. *Monte-charges tribord,* MCT^d, alimentant directement par tribord et par l'Av les treuils, ventilateurs, escarbilleurs, servo-moteur de la barre, etc.

POSTE ARRIÈRE.

Le tableau de répartition a encore trois paires de bandes horizontales sources pour les deux dynamos de l'Ar et le circuit de jonction jouant le rôle de source à l'Ar.

Le tableau a six commutateurs bipolaires alimentant les six circuits suivants :

α. *Projecteurs Ar*, allant au tableau des projecteurs Ar;

β. *Circuit de jonction-circuit,* allant au tableau Av jouer le rôle de source;

γ. *Incandescence protégée bâbord,* I_pB^d, alimentant les lampes des locaux protégés par bâbord;

δ. *Monte-charges bâbord,* MCB^d, alimentant les électromoteurs par bâbord;

ε. *Incandescence des étages supérieurs,* I_s, allant au tableau d'incandescence qui dessert l'éclairage des étages supérieurs, les *signaux*, les *feux de navigation*, etc.;

θ *Circuit du cabestan électrique.*

Incandescence. — Toute l'incandescence des locaux sous le pont cuirassé est prise sur les circuits tribord et bâbord venant respectivement des tableaux de répartition Av et Ar. Les mesures de sécurité indiquées sont prises : lampes en quinconces prises dans un même comparti-

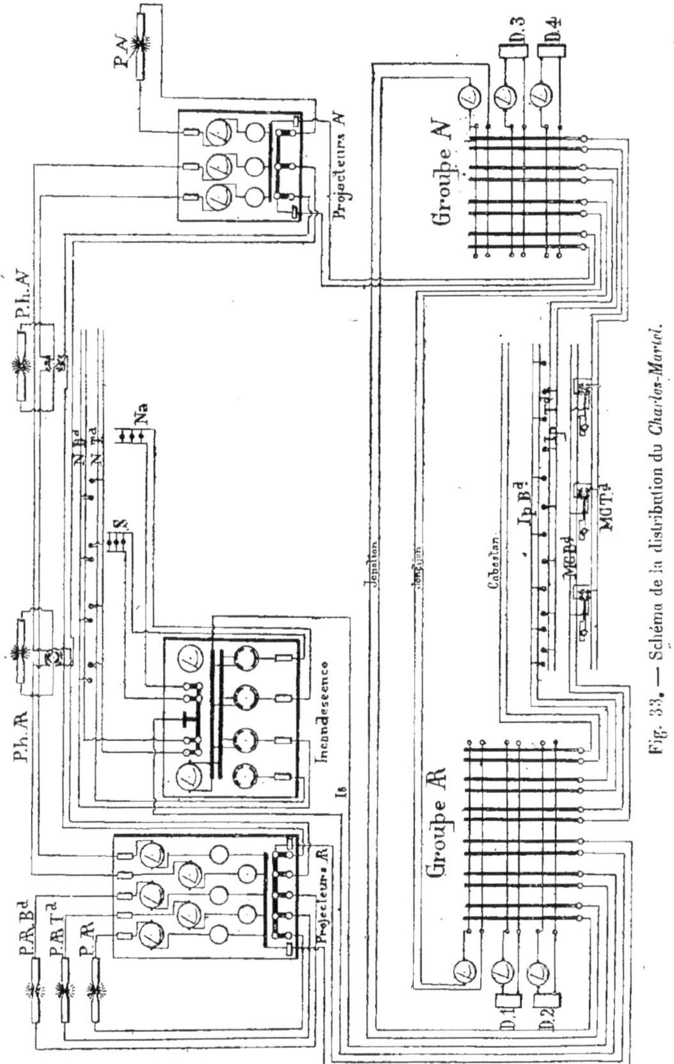

Fig. 33. — Schéma de la distribution du *Charles-Martel*.

ment alternativement à tribord et à bâbord, lampes uniques pouvant être prises à volonté sur un bord ou sur l'autre. Le tableau d'incandescence de l'AR, sans aucune particularité d'ailleurs, alimente les circuits :

Incandescence non protégée tribord, NT^d; *incandescence non protégée bâbord*, NB^d; *signaux*, S; *navigation*, N_a.

Projecteurs. — Le tableau des projecteurs AR alimente le projecteur de la plage AR, les deux projecteurs des coursives de 274,4 et les deux projecteurs de hune. Le tableau des projecteurs AV alimente le projecteur AV et les deux projecteurs de hune. Ces derniers sont munis de commutateurs bipolaires à deux directions, permettant de prendre le courant de l'AV ou de l'AR.

Électro-moteurs. — Tous les électro-moteurs, sauf celui du cabestan qui a un circuit spécial, peuvent être reliés par un commutateur bipolaire à deux directions, soit au circuit tribord, soit au circuit bâbord, comme sur le *Carnot.*

On ferait, au sujet des combinaisons que les tableaux du *Charles-Martel* permettent d'effectuer, les mêmes remarques que pour le *Carnot.*

Masséna. — L'installation du *Masséna* comprend, comme les précédentes, deux tableaux de répartition, un à l'AV, l'autre à l'AR; un tableau de distribution des projecteurs AV, un autre pour les projecteurs AR, et enfin, un petit tableau de service pour l'*incandescence* des étages supérieurs complètent les appareils de distribution.

Ce qui caractérise surtout l'installation du *Masséna*, c'est la forme particulière des commutateurs des tableaux de répartition. La figure 34 représente un de ces tableaux.

Chaque tableau de répartition comprend trois paires de bandes horizontales *sources H* reliées aux pôles de deux dynamos et à un circuit auxiliaire de jonction entre les tableaux. Le tableau AR, par exemple, a une paire de bandes sources reliées aux pôles de la dynamo n° 3, une autre paire aux pôles de la dynamo n° 4; de la troisième paire part le *circuit auxiliaire tribord* servant ici de source et allant au tableau AV jouer le rôle de *circuit.* D'autre part, des paires de bandes verticales K en nombre égal à celui des circuits à desservir et reliées à ces circuits par des interrupteurs *k* peuvent être mises en communications avec les bandes sources horizontales, à l'aide de manettes à vis M. Les bandes horizontales servent d'écrous à ces vis et celles-ci portent à leur extrémité des contacts C qui peuvent venir appuyer sur les bandes verticales correspondantes. Une planchette isolante I sépare chaque paire de bandes verticales des bandes horizontales. Cette planchette porte des trous T qui peuvent venir se présenter vis-à-vis des contacts C des manettes à vis. C'est seulement alors qu'on peut manœuvrer la manette et établir le contact entre la bande verticale et la bande horizontale.

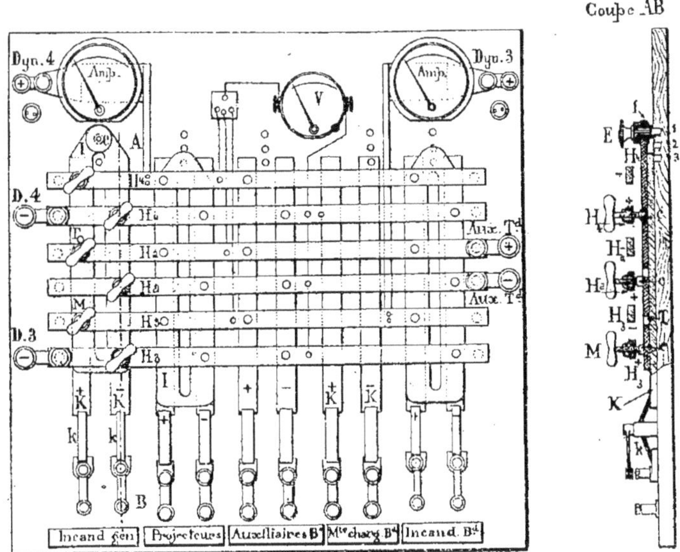

Fig. 34. — Tableau de répartition Ar du *Masséna*.

La planchette isolante peut occuper trois positions déterminées par un ergot à ressort E. Dans chacune des positions, il n'y a que les manettes appartenant à une même paire de bandes horizontales qui peuvent établir le contact. On évite ainsi très simplement le couplage des dynamos. Ainsi, dans la figure 34, le commutateur de gauche du tableau Ar a été représenté comme établissant la communication des bandes verticales avec la paire de bandes horizontales supérieures, c'est-à-dire avec la dynamo n° 4.

Voici, d'ailleurs, les circuits desservis par les tableaux :

TABLEAU ARRIÈRE.

α. *Incandescence générale*, allant au tableau d'incandescence;

β. *Projecteurs*, allant au tableau des projecteurs Ar;

γ. *Auxiliaire bâbord,* allant au tableau de répartition A^r;

δ. *Monte-charges bâbord,* desservant par bâbord les électro-moteurs divers;

ε. *Incandescence fonds bâbord,* desservant par bâbord l'éclairage des étages situés sous le pont cuirassé.

TABLEAU AVANT.

α. *Projecteurs,* allant au tableau des projecteurs A^v;

β. *Monte-charges tribord,* desservant par tribord les électro-moteurs divers;

γ. *Auxiliaire tribord,* allant au tableau de répartition A^R;

δ. *Incandescence fonds tribord,* desservant par tribord l'éclairage des étages protégés.

Le tableau de service de l'incandescence dessert les circuits :
Nuit tribord, nuit bâbord, signaux, feux de route.

Le tableau des projecteurs A^v alimente les projecteurs :
Projecteur A^v, projecteur bâbord, projecteur hune A^v, projecteur hune A^R.

Le tableau des projecteurs A^R alimente les projecteurs :
Projecteur A^R, projecteur tribord, projecteur hune A^v, projecteur hune A^R.

On voit que, comme précédemment, les deux projecteurs des hunes peuvent être alimentés soit par le tableau des projecteurs A^v, soit par le tableau des projecteurs A^R.

Les circuits *monte-charges tribord* et *monte-charges bâbord* partant des tableaux de répartition A^R et A^v, situés dans la portion milieu du navire, émettent des branchements vers l'A^v et vers l'A^R. Les dix-huit monte-charges répartis dans tout le bâtiment peuvent, grâce à des commutateurs bipolaires à deux directions, être reliés soit au circuit tribord, soit au circuit bâbord. Quelques-uns forment des groupes, et leurs commutateurs, ainsi que les appareils accessoires, coupe-circuits, etc., sont réunis sur de petits tableaux secondaires.

Gaulois et Charlemagne. — Ces navires possèdent une distribution double, l'une destinée à alimenter, par des dynamos spéciales, les appareils électro-moteurs de l'artillerie, l'autre à assurer l'éclairage intérieur, le fonctionnement des projecteurs, des monte-charges, des ventilateurs, etc.

Nous ne nous occuperons ici que de cette dernière distribution.

Il existe deux tableaux de distribution, un à l'AV, près de la dynamo AV et un à l'AR, près des deux dynamos AR; ces trois dynamos sont celles consacrées spécialement au service de l'éclairage, des projecteurs des monte-charges et des ventilateurs.

Les tableaux de répartition sont du même modèle que ceux du d'*Assas* et du *Carnot,* avec commutateurs à vis. Le tableau de répartition AR prévu pour deux dynamos comporte trois paires de bandes verticales sources, une paire par dynamo et une paire pour le circuit auxiliaire venant du tableau de répartition AV.

Les circuits alimentés sont :

α. *Projecteurs,* allant au tableau des projecteurs AR;

β. *Étages supérieurs et réflecteurs,* allant au tableau d'incandescence des étages supérieurs;

γ. *Étages inférieurs tribord,* alimentant par tribord, les lampes à incandescence des locaux sous le pont cuirassé;

δ. *Circuit auxiliaire,* allant au tableau de répartition AV jouer le rôle de source;

ε. *Monte-charges tribord,* alimentant, par tribord, les monte-charge et les ventilateurs.

Le tableau de répartitton AV comprend deux paires de bandes verticales *sources,* une paire pour la dynamo unique de l'AV et une paire pour le circuit auxiliaire source venant du tableau de répartition AR.

Le tableau AV dessert les circuits :

α. *Projecteurs,* allant au tableau des projecteurs AV;

β. *Étages inférieurs bâbord,* desservant, par bâbord, l'éclairage des locaux situés sous le pont cuirassé;

γ. *Monte-charges bâbord,* desservant, par bâbord, les monte-charges et ventilateurs;

δ. *Circuit auxiliaire,* allant au tableau de répartition AR jouer le rôle de source.

Les tableaux de *projecteurs* et d'*incandescence supérieure* ne présentent rien de particulier, étant du même modèle que ceux des installations précédentes.

Amiral-Tréhouart. — Comme dispositions générales, l'installation de l'*Amiral-Tréhouart* est semblable à celles que nous venons d'examiner.

Il y a encore deux tableaux de répartition AV et AR desservis par trois dynamos, un à l'AV et deux à l'AR. Les tableaux sont encore réunis par deux circuits auxiliaires. Nous n'insisterons pas davantage et nous nous contenterons de signaler la disposition des commutateurs des tableaux de répartition qui diffèrent de tous ceux que nous avons vu jusqu'ici. La figure 35 présente le tableau de répartition AR.

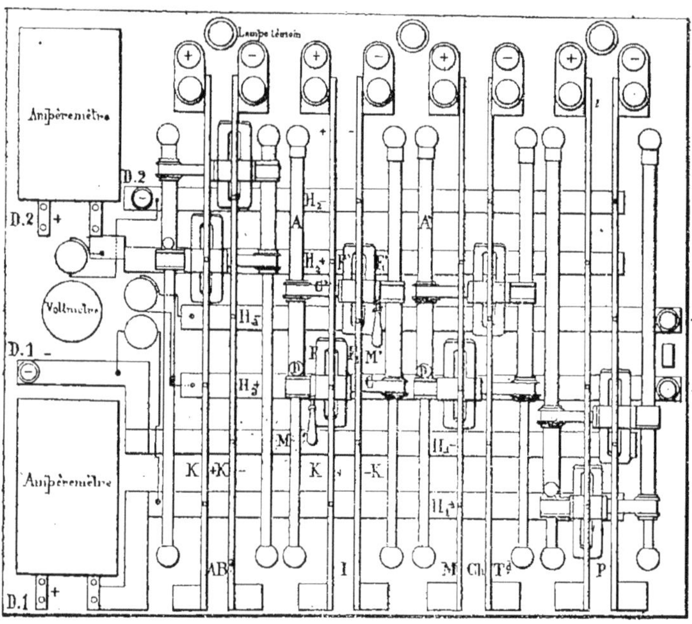

Fig. 35. — Tableau de répartition AR de l'*Amiral-Tréhouart*.

Il comprend trois paires de bandes horizontale H + H —, reliées aux pôles des deux dynamos AR, ou aux deux conducteurs du circuit auxiliaire reliant le tableau AR au tableau AV.

D'autre part, les deux conducteurs de chacun des quatre circuits alimentés par le tableau sont fixés à deux bandes verticales (K +) et (K —). Pour alimenter un quelconque des circuits, on mettra en communication les deux bandes verticales correspondantes avec une paire de bandes horizontales.

A cet effet, un curseur C C′ peut coulisser le long de deux colonnes verticales A et A′ isolées. Ce curseur porte deux paires de frotteurs

F et F_1, F′ et F'_1. Lorsque le curseur a été amené dans une position convenable, on peut, au moyen des manettes M et M′, faire basculer les frotteurs qui viennent appuyer, d'une part, latéralement sur les bandes verticales (K +) et (K —) et, d'autre part, sur des appendices de contact fixés normalement aux bandes horizontales. C'est ainsi que, dans la figure 35, le curseur C C′ correspondant au *circuit d'incandescence* a été amené dans la position convenable pour mettre en communication ce circuit avec les bandes *auxiliaires* amenant à l'Æ le courant d'une dynamo de l'Aᵛ; mais les frotteurs n'ont pas été représentés en position de contact, les manettes n'ayant pas été actionnées. De même le circuit *projecteurs* est sur le point d'être mis en communication avec la dynamo 1. Un anneau D permet de tirer une tige à ressort immobilisant le curseur dans la position où on l'a amenée.

3° *Brennus*.

Brennus. — Nous rangeons à part l'installation du *Brennus*, en raison de la disposition particulière des tableaux de répartition.

Alors que, dans toutes les installations jusqu'ici étudiées et qui possédaient deux postes pour les dynamos avec deux tableaux de répartition, les dispositions des tableaux étaient telles qu'aucun couplage de dynamos ne pouvait s'effectuer même par une manœuvre maladroite, sur le *Brennus*, au contraire, le couplage des dynamos peut être réalisé avec la plus grande facilité, *par une simple fausse manœuvre*, et nous rappelons que si actuellement on fait des *couplages volontaires* de dynamos, les *couplages involontaires* sont presque toujours fatals aux dynamos.

Les commutateurs des tableaux de répartition du *Brennus* sont du type de ceux du *Bruix*. Ils sont bipolaires et à deux directions (*fig. 36*).

Deux paires de bandes horizontales (B +) et (B —), (B′ +) et (B′ —) *sans communication directe avec les dynamos ni avec les circuits*, sont reliées respectivement aux frotteurs (F +), (F —), (F′ +), (F′ —) des commutateurs. D'autre part, les frotteurs (*f* +) et (*f′* +) sont reliés entre eux, ainsi que les frotteurs (*f* —) et (*f′* —). Or, aux frotteurs (*f* +) et (*f* —) de chacun des commutateurs aboutissent soit les conducteurs d'un circuit de distribution, soit *les conducteurs venant d'une dynamo*, soit même les conducteurs d'un circuit de jonction entre le tableau Aᵛ et le tableau Æ, appelé ici *ligne de secours*. On voit donc que, suivant la position du commutateur, on pourra mettre, grâce aux renflements formant contacts mobiles, A, D et C en communication avec la paire de bandes supérieures (B +) et (B —), ou avec la paire de bandes inférieures (B′ +) et (B′ —), soit un circuit de distribution, soit une dynamo, soit un circuit de jonction entre le tableau AV et AR, ou *ligne de secours*.

Le tableau de répartition AV comprend huit commutateurs :

α. *Ligne de secours bâbord;*

β. *Dynamo 3;*

γ. *Signaux et feux de route;*

δ. *Fonds bâbord;*

ε. *Monte-charges bâbord;*

θ. *Projecteurs;*

ι. *Dynomo 4;*

κ. *Ligne de secours tribord.*

Le tableau de répartition AR comprend également huit commutateurs correspondant à :

α. *Ligne de secours bâbord;*

β. *Dynamo 2;*

γ. *Projecteurs;*

δ. *Fonds tribord;*

ε. *Incandescence;*

θ. *Monte-charges tribord;*

ι. *Dynamo 1;*

κ. *Ligne de secours bâbord.*

Pour alimenter un circuit quelconque avec une dynamo, il faut donc relier ce circuit par son commutateur avec une des paires de bandes horizontales du tableau de répartition correspondant, et en même temps relier aux mêmes bandes horizontales, par son commutateur, la dynamo qui doit être employée.

Ainsi on alimentera, par exemple, à l'AV avec la dynamo 3, les monte-charges bâbord, en poussant vers le haut les commutateurs de la dynamo 3 et du circuit des monte-charges bâbord. On pourra en même temps alimenter le circuit fonds bâbord avec la dynamo 4, en poussant les commutateurs correspondant vers le bas, de manière à mettre en communication la dynamo et le circuit avec les bandes horizontales inférieures. Mais si, en manœuvrant le commutateur de la dynamo 4, on le pousse vers le haut, par ce seul faux mouvement on couple les dynamos 3 et 4. On voit pareillement qu'une ligne de secours quelconque, la ligne tribord, par exemple, peut être au tableau AV

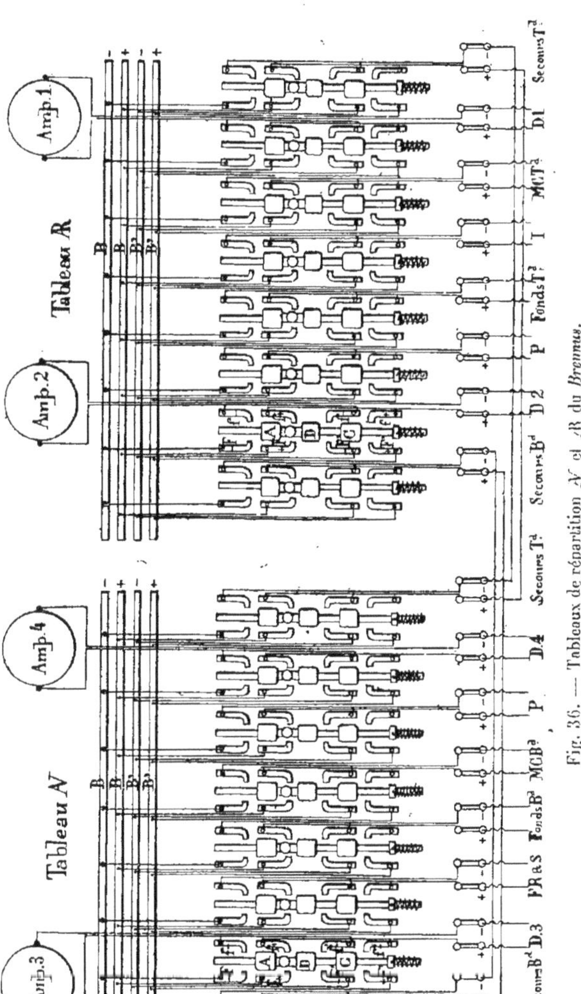

Fig. 36. — Tableaux de répartition AV et AR du *Brennus*.

et au tableau Æ, mise en communication avec les bandes inférieures et permet ainsi d'alimenter avec la dynamo 4 de l'Æ le restant de l'éclairage par incandescence, *fonds tribord, incandescence générale,* dont les commutateurs situés au tableau Æ seront manœuvrés vers le bas. Mais si une dynamo de l'Æ était alors mis en action, un simple faux mouvement dans la manœuvre de son commutateur la mettant en communication avec les bandes inférieures du tableau couplerait cette dynamo avec la dynamo 4.

On voit que cette installation est dépourvue absolument de toute la sécurité qu'on trouve dans les installations précédentes. Cela tient à ce que la distinction n'a pas été faite ici entre les circuits et les sources, qui sont disposés avec les mêmes commutateurs. Les lignes de secours, en particulier, jonctionnant les deux tableaux, n'ont pas, comme précédemment, été disposées pour jouer le rôle de circuit à un bout et de source à l'autre bout.

Avec les commutateurs particuliers employés, il eût d'ailleurs été difficile de faire autrement. Nous avons vu, en effet, que lorsque les deux postes possèdent chacun deux dynamos, comme c'est le cas sur le *Brennus*, il faut trois paires de bandes-sources, deux pour les dynamos et une pour le circuit auxiliaire ou ligne de secours jouant le rôle de source. Les commutateurs doivent donc être à trois directions et ceux du *Brennus* ne peuvent être installés commodément qu'avec deux directions. Il est assez curieux de constater que l'emploi de ces mêmes commutateurs, sur le *Brennus* et sur le *Bruix* a engendré le même défaut de garantie contre le couplage éventuel des dynamos.

On voit ainsi clairement que la mise en service d'un commutateur *original* est loin de toujours constituer un progrès.

Des tableaux de distribution pour les *projecteurs* existent à l'Æ et à l'Æ près des tableaux de répartition; le tableau des projecteurs Æ dessert les deux projecteurs Æ et les deux projecteurs des hunes; le tableau des projecteurs Æ dessert les deux projecteurs de sabord Æ et les deux projecteurs des hunes; ces derniers sont donc munis des commutateurs bipolaires à deux directions.

Un tableau de service d'*incandescence* placé à l'Æ dessert les circuits :

Ponts supérieurs tribord, ponts supérieurs bâbord, circuit extérieur, signaux, feux de route.

En outre, il existe six tableaux secondaires, trois à tribord, trois à bâbord, sous le pont cuirassé. Par ces tableaux passent les circuits d'incandescence et des monte-charges du bord correspondant : Ils sont reliés d'autre part par une greffe au circuit passant au bord opposé; de sorte que, grâce à des commutateurs bipolaires à deux directions convenablement disposés, on peut alimenter l'éclairage à incandescence des locaux situés sous le pont cuirassé, ou les monte-charges, soit par le circuit passant à tribord, soit par le circuit passant à bâbord. C'est la reproduction de la même sécurité déjà constatée souvent précédemment.

4° *Catinat, Du Chayla, Cassard.*

Dans les installations précédentes, où, les dynamos étant partagées en deux postes différents, deux tableaux de répartition servent d'intermédiaires pour la distribution, comme, par exemple, dans l'installation du *Charles-Martel,* qui peut être regardée comme le type, les deux postes de distribution avaient une égale importance, en ce sens que, de chacun d'eux, on pouvait utiliser n'importe quel dynamo, pour alimenter un circuit quelconque. Le *Gaulois* et le *Charlemagne,* bien que n'ayant que trois dynamos consacrées au service électrique général, avec deux dynamos à l'Æ et une seule à l'Æ', ont encore un mode de distribution permettant d'utiliser au même titre soit le tableau Æ', soit le tableau Æ. Nous avons vu que cet avantage est obtenu grâce à une double liaison entre les tableaux, par *circuits auxiliaires,* ou *circuits de jonction,* ou *lignes de secours.*

Dans les installations des trois navires dont nous nous occupons ici et qui ne possèdent que trois dynamos, dont deux à l'Æ et un à l'Æ', on s'est arrangé de manière que du poste Æ' de distribution on puisse utiliser soit la dynamo de l'Æ', soit une des dynamos de l'Æ; mais du poste Æ on ne peut utiliser que les dynamos de l'Æ. Un seul circuit auxiliaire est employé ici jouant à l'Æ' le rôle de *source* et le rôle de *circuit* à l'Æ.

Catinat. — Les tableaux de répartition du *Catinat* (*fig.* 37) comprennent des commutateurs bipolaires à deux directions, formés de l'accouplement de deux commutateurs circulaires à plots, comme nous en avons déjà vu souvent (*Pothuau, Magenta, Amiral-Charner,* etc.).

TABLEAU ARRIÈRE.

Deux paires de bandes horizontales sources H_1+ et H_1-, H_2+ et H_2- sont reliées aux deux dynamos du poste Æ (n°s 1 et 2).

Cinq commutateurs doubles à deux directions permettent de mettre en communication une quelconque des dynamos avec un des cinq circuits suivants :

α. *Projecteurs* Ar, allant au tableau des projecteurs Ar ;

β. *Permanent tribord,* alimentant, par tribord, l'éclairage des locaux sous le pont cuirassé ;

γ. *Monte-charge tribord,* alimentant les monte-charges par tribord ;

δ. *Incandescence*, allant au tableau de service d'incandescence ;

ε. *Circuit auxiliaire,* allant au tableau Av jouer le rôle de source.

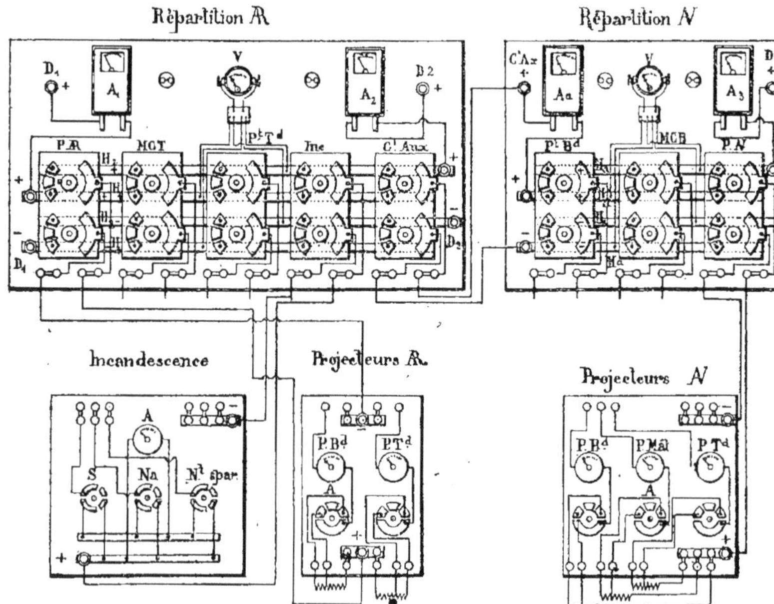

Fig. 37. — Tableaux de répartition et de distribution du *Catinat.*

TABLEAU AVANT.

Deux paires de bandes horizontales sources H_3 + et H_3 —, H_a + et H_a — sont reliées, l'une aux pôles de la dynamo 3 de l'avant, l'autre au circuit auxiliaire venant de l'arrière.

Trois commutateurs desservant les circuits :

α. *Permanent bâbord,* alimentant par bâbord l'éclairage des locaux protégés ;

β. *Monte-charges bâbord,* alimentant les monte-charges par bâbord;
γ. *Projecteurs avant,* allant au tableau des projecteurs AV.

Rien de particulier à dire sur les tableaux de service des projecteurs et de l'incandescence; ceux-ci ont des commutateurs à deux directions permettant l'introduction d'un ampèremètre dans un circuit quelconque à volonté; ceux-là ont aussi des commutateurs à deux directions pour introduire dans le circuit la résistance intercalaire tout entière ou une partie seulement de cette résistance.

Du Chayla. — Les deux tableaux de répartition AV et AR du *Du Chayla* sont établis d'après le même principe que ceux du *Catinat.* Nous n'insisterons pas sur les légères différences dans les circuits, comme l'addition à chaque tableau d'un circuit des *moteurs non protégés.*

Il y a encore un tableau de service pour l'*incandescence non protégée,* et à l'AR comme à l'AV un tableau des *projecteurs.* Ces tableaux n'offrent rien de particulier. Nous indiquerons seulement qu'ici le nombre des projecteurs est de six et que, de l'AV comme de l'AR, on peut alimenter les deux projecteurs des *Hunes.*

Cassard. — Les tableaux de répartition du *Cassard* sont semblables à ceux du *Du Chayla,* sauf la forme des commutateurs à deux directions. Les dénominations: *Groupe* AR + *et Groupe* AR — constituent encore ici une nouvelle façon de désigner le *circuit auxiliaire* amenant au tableau AV le courant des dynamos AR.

Remarque. — Nous devons ajouter que sur les trois navires dont il vient d'être question, pour obvier à l'inconvénient signalé de ne pouvoir, du poste AR, utiliser le dynamo unique de l'AV, ce qui amène des difficultés pour établir le roulement indispensable entre les trois dynamos, on a pris des dispositions de fortune à l'aide de commutateurs auxiliaires permettant d'envoyer, par le circuit de jonction unique entre les tableaux, le courant de la dynamo AV au tableau AR. Ces dispositifs de fortune, qu'on s'est empressé d'établir aussitôt après l'armement, montrent bien qu'il y a là une nécessité de service méconnue lors de l'établissement des plans primitifs.

Nous devons dire d'ailleurs que ces dispositifs de fortune sont toujours délicats à établir et surtout à mettre en usage; leur manœuvre ne peut être confiée au premier venu, et il y a lieu le plus souvent d'avoir recours à des verrouillages ou, mieux encore, de placer les commutateurs auxiliaires dans une armoire fermant à clef, afin d'empêcher le premier venu d'avarier une dynamo par une fausse manœuvre. C'est là en tous cas une complication qu'il eût été préférable d'éviter par une conception de l'installation mieux en accord avec les besoins du service à bord.

§ 2. — La distribution se fait normalement en utilisant le couplage en tension des dynamos:

Considérations générales. — Le couplage en tension des dynamo s'est introduit à bord des navires de guerre en même temps que la manœuvre électrique des canons. Cette application nouvelle du courant électrique exigeait une puissance bien autrement considérable que la lumière électrique par incandescence ou par arc voltaïque, les monte-charges pour la petite artillerie et les quelques ventilateurs, qui, jusqu'à ces dernières années, constituaient le seul domaine du courant électrique à bord des navires de guerre.

C'est par centaine de chevaux que se chiffre la puissance nécessaire pour manœuvrer les grosses tourelles des cuirassés actuels et hisser les pesantes munitions qui alimentent leurs canons. Or, ce service de l'artillerie étant d'une importance majeure et pour ainsi dire la raison d'être même des navires de guerre, lorsqu'on s'est résolu à en assurer le fonctionnement au moyen du courant électrique, il a fallu se prémunir contre les avaries possibles dans les appareils et, en particulier, dans les dynamos génératrices du courant.

Bien que la manœuvre à la main devenue possible, grâce aux perfectionnements apportés à l'installation des grosses tourelles précisément en vue de leur manœuvre électrique, pût être considérée désormais comme une ressource suprême et inappréciable, il paraissait d'une prudence élémentaire de ne pas se trouver dans l'obligation d'y recourir pour la moindre avarie arrivant fortuitement à l'une des dynamos génératrices. Le courant électrique a certes, maintenant, fait ses preuves en la matière, et ce serait le calomnier que de prétendre que son emploi est moins sûr que celui des appareils hydrauliques, qu'il a supplantés; mais, si l'on songe que les combats d'artillerie entre navires de guerre ne sauraient avoir une longue durée, que le temps manquerait assurément pour remédier au moindre dérangement dans les appareils pendant le combat, que tout retard pourrait être fatal, on conçoit qu'on se soit efforcé d'assurer le service électrique de l'artillerie, même dans le cas où une partie des dynamos génératrices ferait défaut.

On ne pouvait penser à constituer un rechange de ces génératrices, en raison de leur importance, de leur prix considérable, et du peu de temps pendant lequel elles sont employées en temps normal pour les tirs d'exercices; augmenter le nombre de ces dynamos puissantes et coûteuses, et la plupart du temps inutilisées, eût constitué une mauvaise solution au point de vue économique.

Voici les dispositions auxquelles on s'est arrêté :

1° Tout d'abord, puisque le service de la grosse artillerie exige une très grande puissance électrique, mais pendant une ou deux heures seulement, suivies de repos de plusieurs jours en temps normal, tandis que le service de l'éclairage ne demande qu'une puissance relativement faible, mais utilisée presque sans interruption, il a paru tout naturel d'employer à bord des navires où la grosse artillerie est manœuvrée électriquement deux espèces de dynamos génératrices; les unes, destinées à l'éclairage, établies pour marcher pendant 24 heures, très robustes, mais de puissance réduite; les autres destinées au service de la grosse artillerie, pouvant développer momentanément une très grande puissance, mais n'ayant à fournir cette grande puissance que pendant peu de temps. On comprend bien que ces conditions de fonctionnement très différentes peuvent conduire le constructeur à établir des types entièrement distincts. C'est ainsi que les dynamos d'éclairage seront actionnées par des moteurs pilon, tandis que les dynamos d'artillerie, qui auront si peu à travailler, pourront, sans grand inconvénient, être mues par des moteurs horizontaux.

On pourrait d'ailleurs justifier par d'autres considérations basées toujours sur la diversité d'utilisation, l'emploi de dynamos de types différents pour l'éclairage et pour le service de l'artillerie. Ainsi, par exemple, le service de l'éclairage à bord d'un navire est assez régulier et donne lieu à des variations de débit peu importantes et peu fréquentes; le personnel chargé des dynamos a donc tout loisir pour modifier, suivant les besoins, le calage des balais; le service de l'artillerie, au contraire, est, par son essence même, intermittent; la mise en marche des grosses tourelles, leur arrêt, ainsi que la manœuvre des gros monte-charges, donnent lieu à des variations de débit énormes et se reproduisant presque à chaque instant, si bien qu'on ne peut plus songer à les faire suivre de modifications convenables dans le calage des balais, effectuées à la main : celles-ci risqueraient fort d'être toujours en retard et souvent de produire juste l'effet inverse de celui désiré; la variation du calage des balais doit donc être automatique, ou mieux encore le calage des balais doit pouvoir être maintenu constant, sans étincelles trop fortes. Ce sont ces considérations qui ont conduit à l'introduction, dans le service, des dynamos à calage invariable obtenu par l'adjonction, aux pôles inducteurs principaux, des pôles supplémentaires redresseurs du champ.

Aux dynamos spécialement destinées à l'éclairage des navires, on demande toutefois encore l'alimentation des ventilateurs, des projecteurs et celle des monte-charges de la petite artillerie, comme d'ailleurs on l'avait fait jusqu'ici. Le nombre des dynamos d'éclairage est d'ailleurs toujours tel, que, tous les appareils qu'elles doivent desservir étant alimentés, il puisse rester une dynamo en réserve à titre de remplacement éventuel; un roulement de service peut ainsi être établi entre toutes les dynamos, et chacune à son tour est périodiquement en repos pour les soins d'entretien et les réparations. Cela est indispensable pour un service continu comme celui de l'éclairage.

2° Pour le service de la grosse artillerie, on prévoit des dynamos spéciales dont l'ensemble puisse produire juste la puissance maximum nécessaire pour alimenter tous les appareils à la fois, en supposant que les électromoteurs aient leur pleine vitesse. En cas d'avarie d'une partie des dynamos génératrices, celles qui restent actives doivent pouvoir alimenter *tous les appareils*, mais en admettant pour les électromoteurs une *vitesse réduite*.

A cet effet, on a utilisé une propriété des moteurs électriques excités en dérivation, comme sont ceux constamment employés pour le service de l'artillerie. Lorsque l'excitation de ces électro-moteurs est maintenue constante, la vitesse des induits, entre d'assez grandes limites, est à peu près proportionnelle à la différence de potentiel appliquée entre les balais.

Supposons que les dynamos d'artillerie soient au nombre de quatre et groupées deux par deux, les dynamos d'un même groupe pouvant être associées en tension, ou fonctionner isolément. Si chacune donne une différence de potentiel de 80 volts, l'association de deux en tension permettra d'obtenir une différence de potentiel de 160 volts. Dans ces conditions, on pourra alimenter normalement tous les appareils de l'artillerie à 160 volts, c'est-à-dire à grande vitesse, en les répartissant également sur les deux groupes de dynamos couplées en tension, les quatre dynamos fonctionnant toutes alors pour ce service général à grande vitesse. En cas d'avarie à l'une des dynamos, ou même à deux d'entre elles, on fera fonctionner isolément, à 80 volts, les dynamos qui restent en action; avec deux dynamos, on pourra encore tout faire marcher, mais à *demi-vitesse*.

Cette disposition a été adoptée sur les deux premiers navires dotés de la manœuvre électrique des tourelles, le *Jauréguiberry* et le *Latouche-Tréville*. Bien que le principe du couplage en tension soit le même pour l'un et pour l'autre navire, comme la réalisation est toute différente, nous les étudierons séparément.

En même temps, et bien que cette étude eût pu être faite préférablement un peu plus tôt, nous donnerons les indications nécessaires pour connaître la distribution en ce qui concerne les dynamos d'éclairage, qui continuent à fonctionner à 80 volts, sans couplage.

Le couplage en tension des dynamos d'artillerie a été adopté pour le *Gaulois* et le *Charlemagne*.

I. *Jauréguiberry*.

1° Distribution avec couplage en tension pour les appareils d'artillerie. — A l'AV et à l'AR dans le compartiment entourant la base de chacune des grosses tourelles de 305, se trouve un groupe de deux dynamos destinées au service de l'artillerie. Ces dynamos sont actionnées par le même moteur à vapeur à deux cylindres horizontaux indépendants. Dans le même compartiment est placé un des tableaux de répartition pour le service de l'artillerie. Les deux tableaux de répartition AV et AR sont identiques et desservent tous deux les mêmes appareils, c'est-à-dire les deux tourelles de 30 cm., les deux tourelles de 27 cm., les quatre tourelles de 14 cm. et un certain nombre de treuils monte-charges pour la petite artillerie.

Nous verrons tout à l'heure comment sont installés les tableaux de répartition et quelles sécurités permettent d'alimenter les appareils soit par l'AV, soit par l'AR, sans avoir à craindre de coupler en quantité les dynamos de l'AV avec celles de l'AR.

Nous devons auparavant montrer comment les deux dynamos de l'AV, ou les deux de l'AR, couplées en tension entre elles, permettent d'alimenter les appareils soit au voltage de 160 volts, soit à celui de 80 volts.

Les deux dynamos d'un même groupe sont, avons-nous dit, entraînées par le même moteur à vapeur. Elles sont donc placées symétriquement par rapport à celui-ci, si bien que lorsqu'on les regarde alternativement en leur faisant face, l'une tourne vers la droite et l'autre vers la gauche, d'où le nom de *dynamo à droite* et *dynamo à gauche*, qu'on leur a donné.

La figure 38 montre ces deux dynamos telles qu'elles ont été construites pour fonctionner isolément. Les bornes N_1 et P_1 sont les bornes négative et positive de l'une des dynamos; les bornes N_2 et P_2 sont les bornes négative et positive de l'autre dynamo. Dans chacune, le gros fil inducteur Ig du compoundage est intercalé entre la borne positive et la borne Pb_1 reliée aux balais positifs; le fil fin inducteur If est en dérivation entre la borne N_1 et la borne Pb_1, c'est-à-dire les balais. Nous avons d'ailleurs représenté dans la figure 38, à côté de l'enroulement exact des dynamos, l'enroulement schématique.

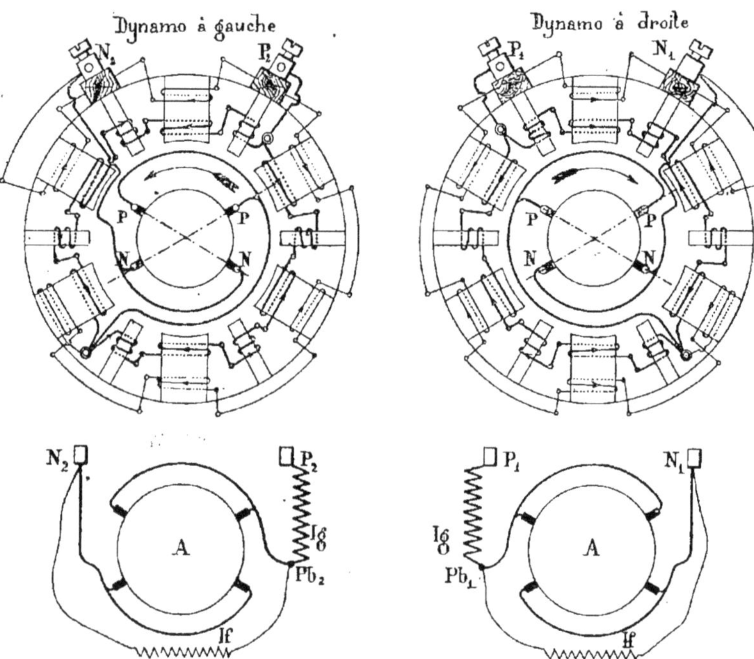

Fig. 38. — Dynamos d'artillerie du *Jauréguiberry*, avant le couplage.

Sur la figure 38 *bis*, on a représenté les dynamos couplées en tension. On voit que les bornes négative N_1 de la première dynamo et positive P_2 de la deuxième ont été réunies. Trois conducteurs, X, Y, Z, partent de la borne P_1, qui devient la borne positive de l'ensemble, de la jonction des bornes N_1 P_2 et de la borne N_2 qui devient la borne négative de l'ensemble. Ces conducteurs vont au tableau de répartition.

De plus, les enroulements de fil fin des deux dynamos ont aussi été mis en tension. A cet effet, les fils fins ont été détachés des bornes N_1 et Pb_2, et réunis entre eux par le fil intermédiaire I. Enfin, pour que les gros fils soient, dans les deux dynamos, parcourus par le même courant, dans la première dynamo, le fil fin a été détaché de la borne Pb_1 et fixée à la borne P_1. Le schéma montre d'ailleurs clairement les transformations effectuées dans les connexions sur les deux dynamos.

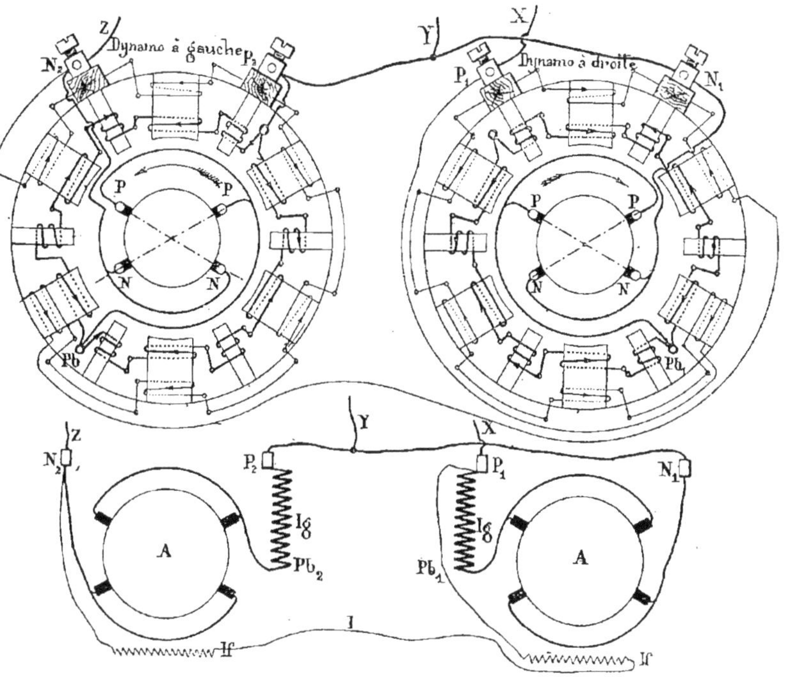

Fig. 38 *bis*. — Dynamos d'artillerie du *Jauréguiberry*, couplées en tension.

La figure 39 représente maintenant un des tableaux de répartition pour le service de l'artillerie, celui de l'*AV*, avec ses liaisons aux dynamos formant le groupe électrogène de l'*AV* et les circuits des appareils à desservir.

On voit que le tableau de répartition se compose essentiellement de deux commutateurs bipolaires à trois directions M et M′ et de deux interrupteurs rapides et multiples I et I′. Le tableau est complété par quatre ampèremètres A_1, A_2, A_3, A_4, un voltmètre V, des lampes-témoins, différents petits interrupteurs pour le service du voltmètre et des lampes, et enfin des organes de sécurité dont nous parlerons plus loin.

La borne (+) de l'ensemble des deux dynamos est réunie par le conducteur X et l'ampèremètre A_2 aux secteurs *a* et *a'* des commuta-

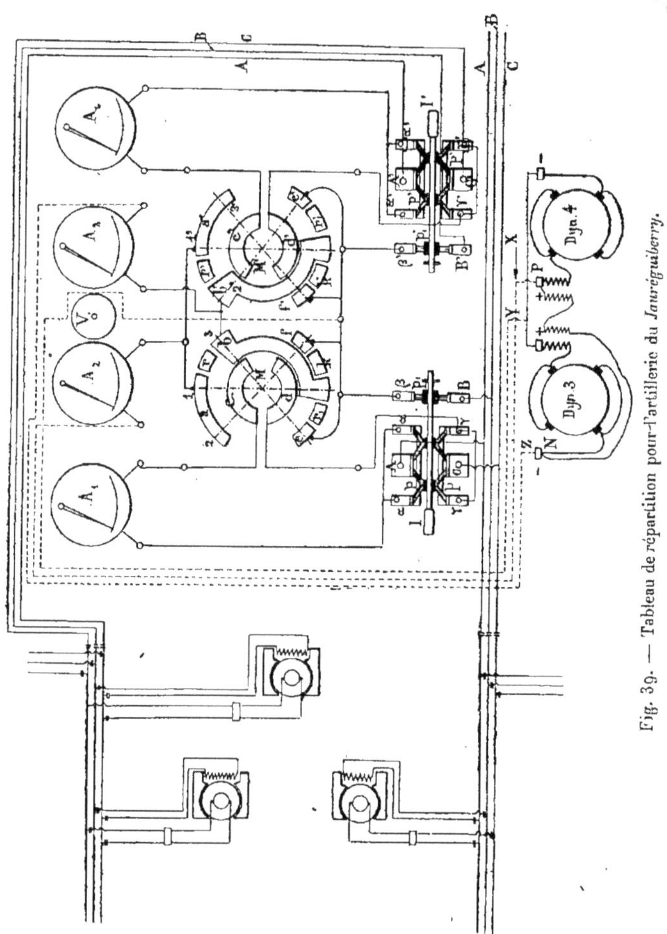

Fig. 39. — Tableau de répartition pour l'artillerie du *Jauréguiberry*.

teurs M et M'; la borne (—) est réunie par le conducteur Z et l'ampèremètre A_3 aux bandes circulaires *b* et *b'*; enfin le conducteur intermédiaire Y est réuni aux plots *e*, *f*, *e'*, *f'*.

Les plots *r* et r_1, *r'* et r'_1 sont des plots de repos.

Les secteurs c et c' sont reliés, par l'intermédiaire des ampèremètres A_1 et A_4, aux plots α et α' des interrupteurs I et I'.

Les secteurs d et d' sont en communication directe avec les plots γ et γ' des interrupteurs.

Les plots e et f, e' et f' des commutateurs sont reliés aux plots β et β' des interrupteurs.

Enfin deux systèmes de câbles A, B, C, A', B', C', partent des plots A, B, C, A', B', C' des interrupteurs I et I' et longent le navire à tribord et à bâbord; ce sont ces câbles qui alimentent les appareils. Ces câbles rejoignent à l'Æ les interrupteurs du tableau de répartition.

Lorsqu'on abaisse à la main le levier de l'interrupteur I, on fait communiquer, par les frotteurs élastiques p, les plots A et α entre eux, ainsi que les plots C et γ; en même-temps, les frotteurs p_1 établissent la communication entre B et β. De la même manière, en abaissant le levier de l'interrupteur I', on fait communiquer A' avec α', C' avec γ' et B' avec β'.

1° Marche à 160 volts. — Lorsqu'on veut fonctionner à 160 volts, comme c'est le cas normal, les dynamos étant couplées en tension, ainsi que nous l'avons dit, on met les manettes des deux commutateurs dans la position 1 et 1'. Les leviers de contact de ces commutateurs établissent alors des communications entre a et c, b et d, a' et c', b' et d'. Il en résulte que les plots α et α' communiquent avec la borne + P de l'ensemble des génératrices couplées, que les plots γ et γ' communiquent avec la borne — N de l'ensemble des génératrices, tandis que les plots β et β' communiquent avec les bornes intermédiaires réunies des génératrices. Si on abaisse les interrupteurs I et I', on met donc en communication les câbles A, B, C et A', B', C', respectivement avec les bornes (+), intermédiaire et (—).

On aura donc :

160 volts entre A et B, ou A' et B';

80 volts entre B et C, ou B' et C';

80 volts entre A et C, ou A' et C'.

Comme on le voit sur la figure 39, les induits des moteurs sont pris en dérivation entre les câbles A et C ou A' et C', tandis que les inducteurs sont dérivés entre les câbles A et B et excités par suite à 80 volts.

Comme nous l'avons expliqué, lors de la marche à 160 volts, les deux ensembles doivent fonctionner pour alimenter les appareils de tribord, par exemple au moyen de l'ensemble de l'AV, en fermant l'interrupteur I. Les appareils de bâbord seront alimentés par l'AR, en fermant au tableau de répartition correspondant l'interrupteur I', les dynamos étant couplées en tension à ce poste comme au premier, et les commutateurs M et M' étant aussi sur la position 1 et 1' comme à l'AV.

2° *Marche à 80 volts.* — Si on veut marcher à 80 volts, en cas d'avarie dans un ensemble ou pour exercice, on met les commutateurs dans les positions 2 et 2'. Par cette manœuvre, on établit la communication entre *a* et *c*, *d* et *f*, *b'* et *c'*, *d'* et *e'*. Or, quand les interrupteurs I et I' sont abaissés, le câble B communique avec *f* et le câble C avec *d*, tandis que B' communique avec *e'* et C' avec *d'*. Donc les câbles B et C à tribord, B' et C' à bâbord sont en communication. D'ailleurs, le câble A est relié au pôle (+) de la dynamo 4, tandis que les câbles B et C sont tous deux en communication avec le pôle (—) de cette dynamo.

Le câble A' est mis en communication avec la borne (—) de la dynamo 3 et les câbles B' et C' avec la borne (+) de la même dynamo.

Dans ces conditions, il y a :

80 volts entre A et B, ou entre A' et B';

80 volts entre A et C, ou entre A' et C';

80 volts entre B et C, ou entre B' et C'.

La dynamo 4 fournit le courant aux appareils de tribord et la dynamo 3 aux appareils de bâbord. En mettant les commutateurs dans les positions 3 et 3', la dynamo 4 fournirait le courant à la canalisation de bâbord et la dynamo 3 à la canalisation de tribord. Il est clair qu'on peut encore ici ne manœuvrer que l'un des interrupteurs I ou I', ou l'un des commutateurs M et M', l'autre restant dans la position de repos. On alimente alors à 80 volts la canalisation correspondante.

3° *Fonctionnement indépendant des dynamos.* — Si l'on veut utiliser une des dynamos seulement de l'AV ou de l'AR, il faut alors découpler les dynamos et rétablir les liaisons primitives entre l'induit et les inducteurs de chaque dynamo, telles qu'elles sont représentées dans la figure 38. Ce cas n'a besoin d'être considéré en pratique que lors d'avaries survenues aux dynamos. Il y aurait lieu alors de rattacher directement le conducteur Y, venant de la jonction intermédiaire des bornes des dynamos, à la borne de la dynamo qui doit seule rester en action.

Sécurités. — Nous avons vu qu'on peut alimenter les canalisations de tribord et de bâbord, soit par l'AV, soit par l'AR. Il en résulte donc qu'en cas de mise en marche simultanément des deux ensembles, on pourrait mettre en communication, par exemple, la canalisation de tribord à la fois avec les dynamos AV et celles de l'AR, ce qui amènerait le couplage en quantité des deux ensembles et presque inévitablement des avaries, *ce couplage n'étant pas prévu.*

Pour empêcher ce couplage, on a muni les interrupteurs I et I′ de chacun des deux tableaux AV et AR d'électro-aimants enclencheurs *e* et *e′* enroulés de fil fin et pouvant être excités par une dérivation prise sur les dynamos du groupe correspondant (*fig.* 40).

Les interrupteurs I et I′ ne peuvent être abaissés que lorsque l'électro-aimant correspondant, étant excité, attire son armature qui verrouillait l'interrupteur. Mais le circuit de l'électro-aimant *e* de l'interrupteur I de l'AV, par exemple, va passer à l'AR avant d'aller rejoindre le positif des dynamos de l'AV, et il présente une interruption h_1 qui est ouverte lorsque l'interrupteur I_1 de l'AR a été abaissé.

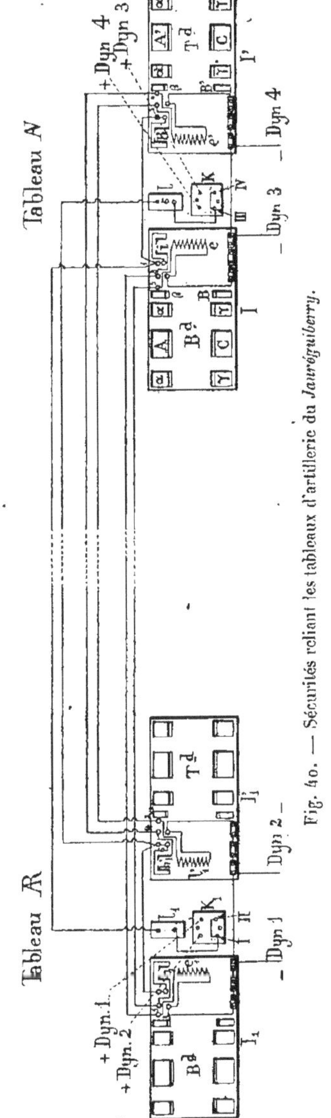

Fig. 40. — Sécurités reliant les tableaux d'artillerie du *Jauréguiberry*.

Lorsque cet interrupteur I_1 de l'Æ a été actionné, on ne peut donc manœuvrer celui de l'Æ et, par suite, le couplage est évité. Cette disposition est générale pour les quatre interrupteurs; chacun d'eux est verrouillé par un électro-aimant dont le circuit va passer près de l'interrupteur correspondant du poste opposé et ne peut être fermé que si ce dernier interrupteur n'a pas été lui-même actionné. Un petit commutateur *k* permet d'ailleurs de prendre le courant qui doit actionner les électros d'un poste sur l'une ou l'autre des dynamos de ce poste. On a figuré en *l* un interrupteur qu'on manœuvre à la main pour mettre en action les électros.

2° **Distribution sans couplage, pour le service de l'éclairage et des ventilateurs.** — Le service de l'éclairage et des ventilateurs est, à bord du *Jauréguiberry*, assuré par quatre dynamos, dont deux sont situées à l'Æ, dans le même compartiment que les dynamos d'artillerie, et deux à l'Æ.

Répartition. — Deux tableaux de répartition identiques, placés près de chaque groupe de dynamos d'éclairage, assurent la distribution.

Chaque tableau de répartition, combiné pour les deux dynamos qui l'avoisinent, se compose de trois grands commutateurs bipolaires à deux directions (*fig.* 41), agissant en même temps comme interrupteurs rapides et mettant en relation, avec l'une ou l'autre des deux dynamos, le circuit d'*incandescence tribord*, celui d'*incandescence bâbord*, ou le circuit des *ventilateurs*.

En outre, des interrupteurs à cheville permettent de prendre le courant pour le tableau des *projecteurs*, soit sur l'une ou l'autre dynamo, ou même sur les deux dynamos à la fois.

Les deux tableaux à l'Æ et à l'Æ étant identiques et pouvant être reliés aux mêmes circuits, il a fallu établir une sécurité permettant d'éviter le couplage en quantité des dynamos de l'Æ avec celles de l'Æ. Cette sécurité consiste en un électro-aimant E qui verrouille le levier de manœuvre des commutateurs dans la position du repos, lorsque cet électro-aimant n'est pas actionné. Or, le circuit de chaque électro-aimant de l'Æ va passer près du commutateur de l'Æ identique, et ce circuit n'est fermé que si ce dernier commutateur n'a pas été manœuvré. D'ailleurs, au moyen d'un petit commutateur F, on peut prendre le courant, pour les électro-aimants de sécurité, soit sur l'une, soit sur l'autre des dynamos du groupe correspondant.

Lorsque, à l'Æ par exemple, on n'aura pas manœuvré le commutateur d'*incandescence*, on pourra, à l'Æ et lorsqu'une dynamo de ce

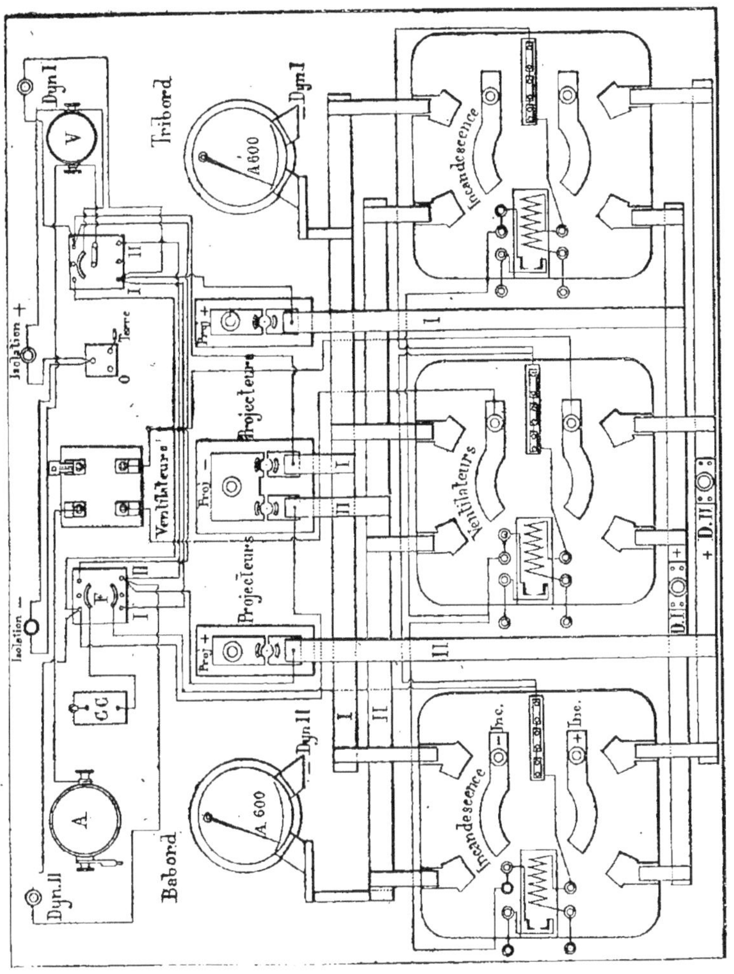

Fig. 41. — Tableau de répartition AV d'éclairage du *Jauréguiberry*.

groupe sera en action, exciter l'électro-aimant verrouilleur du commutateur d'*incandescence*, déverrouiller par suite ce dernier et le manœuvrer pour mettre le circuit correspondant en relation soit avec la dynamo 1, soit avec la dynamo 2.

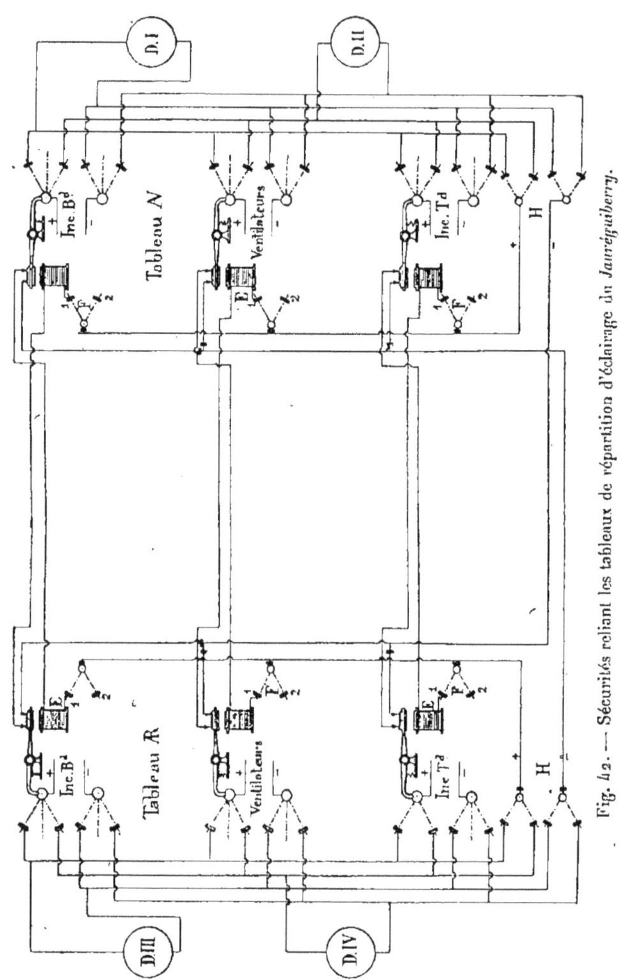

Fig. 42. — Sécurités reliant les tableaux de répartition d'éclairage du *Jauréguiberry*.

La figure 42 montre d'ailleurs schématiquement les verrouillages des commutateurs par les électro-aimants E.

Les ventilateurs sont directement branchés sur le circuit des ventilateurs réunissant les tableaux de répartition *N* et *Æ*.

Incandescence. — Les circuits d'incandescence vont ainsi du tableau *AV* au tableau *AR*, mais, à l'*AV* comme à l'*AR*, existe un tableau de distribution d'*incandescence* auquel viennent aboutir deux greffes prises sur les circuits d'*incandescence tribord* et *bâbord*, et qui distribuent le courant aux circuits secondaires *nuit* et *jour* de chaque bord.

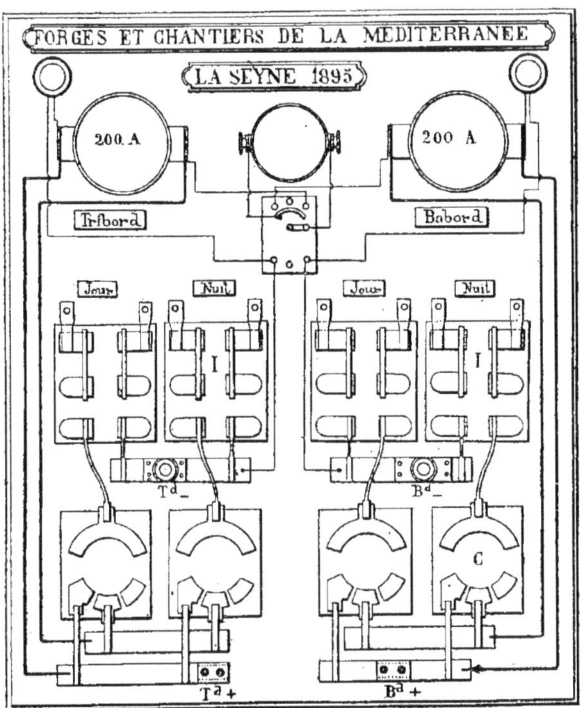

Fig. 43. — Tableau de distribution d'incandescence du *Jauréguiberry*.

Des commutateurs unipolaires à deux directions C permettent d'introduire un ampèremètre dans l'un ou l'autre des circuits secondaires. Des interrupteurs bipolaires rapides I (*fig. 43*) sont intercalés, en outre, sur les deux conducteurs des circuits secondaires.

Projecteurs. — Du tableau de répartition *AV* partent trois conducteurs allant à un tableau de distribution des projecteurs situé également à l'AV. De même, trois conducteurs partant du tableau de répartition AR se rendent au tableau de distribution situé à l'AR. Les deux tableaux sont identiques. Chacun d'eux comprend une bande commune négative qui peut être mise en relation, par un conducteur venant du tableau de répartition, soit avec une des dynamos du poste, soit l'autre, soit avec les deux à la fois, au moyen des interrupteurs à cheville du tableau de répartition. D'autre part, deux bandes positives sont reliées séparément avec les interrupteurs à cheville positifs du tableau de répartition qui permettent de les faire communiquer séparément avec les positifs des deux dynamos du poste.

Chaque tableau de projecteur peut alimenter les huit projecteurs du navire. Les huit conducteurs négatifs des circuits des projecteurs partent tous de la bande négative commune avec interposition d'un ampèremètre. Les huit conducteurs positifs peuvent être reliés, par un commutateur à deux directions, à l'une des deux bandes positives, lesquelles, par le tableau de répartition, vont à chacune des deux dynamos. En outre, un interrupteur bipolaire rapide est placé sur les deux conducteurs du circuit de chaque projecteur.

De cette manière, on peut, de chaque tableau de projecteurs, mettre en communication tous les projecteurs avec une quelconque des deux dynamos, ou bien les répartir sur les deux dynamos, sans risquer de coupler ces dernières. Cette disposition a été rendue nécessaire par le nombre considérable des projecteurs, une seule dynamo ne pouvant que difficilement les alimenter tous à la fois. Si les conducteurs venant des tableaux de distribution AV ou AR aboutissaient directement aux projecteurs; le couplage des dynamos de l'AV avec celles de l'AR pourrait accidentellement se produire en cas de mise en fonction simultanée de dynamos à chaque poste. Pour l'éviter. on n'a pas eu recours ici à des sécurités électro-magnétiques, comme pour les circuits d'artillerie ou ceux d'incandescence; mais, près de chaque projecteur, on a placé un commutateur bipolaire à deux directions permettant de relier ce projecteur soit au circuit venant de l'AV, soit au circuit venant de l'AR. Nous avons déjà vu cette disposition pour les projecteurs de hune d'un certain nombre de navires, tels que le *D'Assas*, le *Carnot*, le *Charles-Martel*, etc.; ici, elle est généralisée pour tous les projecteurs, qui ont ainsi un circuit double. Tout couplage de dynamos est ainsi évité.

II. *Latouche-Tréville.*

Les principes que nous venons d'exposer à propos des installations du *Jauréguiberry* ont servi aussi de guides pour les installations du *Latouche-Tréville*. En temps normal, la manœuvre des tourelles devait se faire avec une différence de potentiel de 160 volts, tandis que l'éclairage électrique se fait à 80 volts; d'où l'emploi de dynamos spéciales pour l'éclairage et l'artillerie. De plus, en cas d'avarie à une de ces dernières, on devait réduire le voltage de fonctionnement des appareils de l'artillerie à 80 volts, de manière à pouvoir continuer à les alimenter avec la moitié des dynamos.

1° **Distribution pour l'artillerie, avec couplage.** — Les dynamos d'artillerie, au nombre de deux, sont construites avec deux induits. Plus exactement, ces dynamos ont un induit unique; mais les bobines paires aboutissent à un collecteur à droite, et les bobines impaires à un collecteur à gauche, de sorte qu'on a deux induits enchevêtrés l'un dans l'autre. Ces deux induits sont établis pour donner chacun 80 volts. En les couplant en tension, on aura donc 160 volts; en les couplant en quantité, on aura 80 volts seulement. C'est, en effet, en substituant le couplage en quantité au couplage en tension qu'on passe du fonctionnement à 160 volts au fonctionnement à 80 volts, tandis que, sur le *Jauréguiberry*, les dynamos restent couplées en tension, soit qu'on fournisse 160 volts aux appareils, soit qu'ils marchent à 80 volts. Les inducteurs d'une dynamo d'artillerie sont, naturellement, communs aux deux induits, puisque ceux-ci sont enchevêtrés l'un dans l'autre. Afin que l'excitation des inducteurs reste la même dans tous les cas, on les a séparés en deux parties. Ces inducteurs, excités d'une manière compound, comprennent deux électro-aimants seulement. Chacun de ces électro-aimants est excité séparément par un des induits (*fig.* 44). Aucun changement, d'ailleurs, n'est apporté dans les liaisons des inducteurs et des induits, quand on passe du couplage en quantité au couplage en tension. Il convient de remarquer que le fil fin est en dérivation, non pas comme ordinairement, entre les balais, mais entre les bornes au delà du gros fil, en *longue dérivation*.

L'accouplement des induits et la mise en communication avec les circuits d'artillerie se fait par le moyen d'un tableau de répartition unique (*fig.* 44), près duquel sont les deux dynamos d'artillerie, chacune à deux collecteurs. Le compartiment des *auxiliaires milieu* renferme tous les appareils. Le tableau de répartition se compose de six commutateurs bipolaires à deux directions utiles. Chacun de ces commutateurs se compose de deux commutateurs unipolaires dont les leviers de contact sont reliés mécaniquement et tels que ceux déjà vus précédemment en grand nombre.

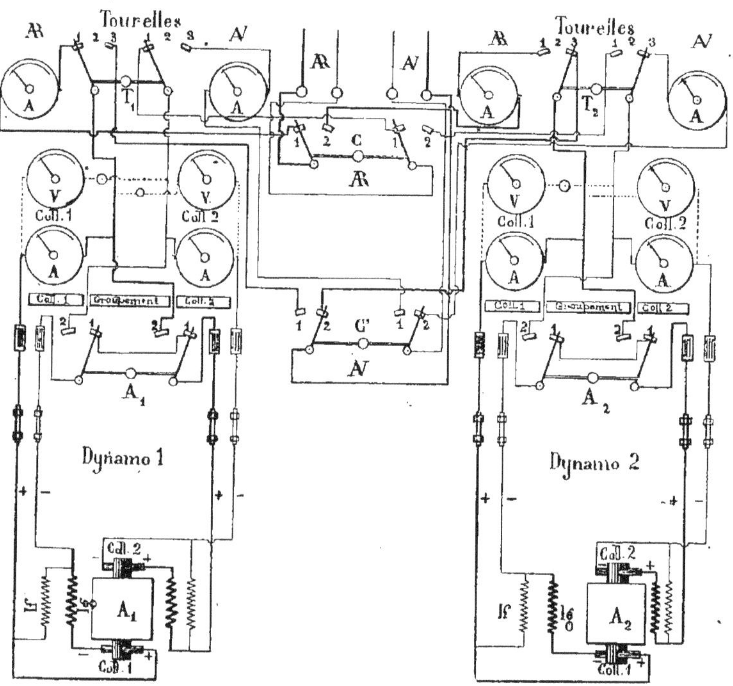

Fig. 44. — Tableau de répartition d'artillerie du *Latouche-Tréville*, avec couplage des dynamos.

Les deux commutateurs A_1 et A_2, dits *commutateurs de groupement*, servent, pour le couplage des deux induits de chaque dynamo, en tension ou en quantité. On voit en effet que, si on place les leviers du commutateur A_1, par exemple, dans la position 1, le balai négatif du collecteur n° 1 de la dynamo 1 est mis en communication avec le balai positif du collecteur n° 2 de cette même dynamo; le balai positif du collecteur n° 1 et le balai négatif du collecteur n° 2 restent libres et peuvent être mis en relation avec les circuits; les deux induits sont alors couplés en tension et la dynamo 1 peut donner 160 volts. Si, au contraire, on place les leviers du commutateur A_1 dans la position 2, le balai positif du collecteur 1 est mis en communication avec le balai positif du collecteur 2, et il en est de même pour les balais négatifs; les induits de la dynamo 1 sont couplés en quantité et la dynamo donne 80 volts dans les circuits. Des manœuvres analogues du commutateur A_2 donnent les mêmes résultats pour les deux induits de la dynamo 2.

Les commutateurs T_1 et T_2, appelés *commutateurs des tourelles*, servent à mettre en communication les dynamos soit avec le commutateur C commandant le circuit Æ d'artillerie, soit avec le commutateur C′ commandant le circuit Æ′ d'artillerie. Si le commutateur T_1, par exemple, est mis sur la position 1, il met en communication les pôles de la dynamo 1 avec le commutateur C, et, sur la position 3, il établit la communication des pôles de la dynamo 1 avec le commutateur C′. Il en est de même pour le commutateur T_2 et la dynamo 2. La position 2 des commutateurs T_1 et T_2 est une position à cheval sur 1 et 3; elle établit la communication des dynamos à la fois avec le commutateur Æ′ et le commutateur Æ.

Les commutateurs C et C′, appelés *commutateurs* Æ et Æ′, servent à relier à la dynamo 1 ou à la dynamo 2 le circuit Æ d'artillerie ou le circuit Æ′; il suffit, pour cela, de placer les leviers des commutateurs soit sur la position 1, soit sur la position 2. Dès lors, voici les combinaisons que l'on peut effectuer :

Première combinaison. — La dynamo 1, avec ses deux induits en tension alimente le circuit Æ à 160 volts, et la dynamo 2 alimente le circuit Æ′ également à 160 volts. On place les commutateurs de la manière suivante :

Commutateur de groupement A_1, position 1;
Commutateur de tourelles T_1, position 1;
Commutateur Æ C, position 1;
Commutateur de groupement A_2, position 1;
Commutateur de tourelles T_2, position 3;
Commutateur Æ′ C′, position 2.

Deuxième combinaison. — La dynamo 1 alimente le circuit Æ′ à 160 volts et la dynamo 2 alimente le circuit Æ également à 160 volts. On place les commutateurs de la manière suivante :

Commutateur de groupement A_1, position 1;
Commutateur de tourelles T_1, position 3;
Commutateur Æ′ C′, position 1;
Commutateur de groupement A_2, position 1;
Commutateur de tourelles T_2, position 1;
Commutateur Æ C, position 2.

Troisième combinaison. — La dynamo 1 a ses deux induits couplés en quantité et alimente à 80 volts les deux circuits. Les commutateurs ont alors les positions suivantes :

Commutateurs de groupement A_1, position 2;
Commutateur de tourelles T_1, position 2;
Commutateur Æ C, position 1;
Commutateur Æ C', position 1.

Quatrième combinaison. — La dynamo 2 a ses induits couplés en quantité et alimente, à 80 volts, les deux circuits. Les commutateurs ont alors les positions suivantes :

Commutateur de groupement A_2, position 2;
Commutateurs de tourelles T_2, position 2;
Commutateur Æ C, position 2;
Commutateur Æ C', position 2.

Dans aucun cas, il n'y a à craindre de fausse manœuvre. D'ailleurs, le circuit Æ dessert deux tourelles de 19 centimètres et deux tourelles de 14 centimètres; il en est de même pour le circuit Æ.

2° **Distribution pour l'éclairage, sans couplage.** — Le service de l'éclairage est assuré, à 80 volts, par trois dynamos, dont deux sont placées, vers le milieu du navire, dans le même local que les deux dynamos d'artillerie, et une vers l'Æ, dans le compartiment des auxiliaires Æ. Dans le compartiment milieu, près des deux dynamos d'éclairage, se trouve un petit tableau de répartition permettant de mettre en communication l'une ou l'autre des dynamos du compartiment avec un tableau de distribution pour l'incandescence, ou avec le tableau de distribution des projecteurs; ce dernier permet d'alimenter tous les projecteurs indifféremment, soit ceux de l'Æ, soit ceux de l'Æ.

Près de la dynamo unique de l'Æ est placé un tableau permettant d'alimenter avec cette dynamo soit l'incandescence, soit le groupe Æ des projecteurs.

Ces tableaux divers ne présentent pas de particularité quant aux dispositifs des commutateurs et interrupteurs. Il faut seulement faire cette remarque très importante, que, si on met à la fois en fonctionnement une des dynamos du milieu et la dynamo de l'Æ, on peut mettre simultanément en communication ces deux dynamos, soit avec les circuits d'incandescence, soit avec les projecteurs Æ; d'où couplage intempestif de ces dynamos. Aucune sécurité n'a été prévue pour éviter ce couplage et ses conséquences désastreuses; la plus grande attention doit donc être apportée aux manœuvres dans le cas où l'on serait obligé de mettre à la fois en marche une dynamo du milieu et la dynamo de l'AR.

§ 3. — La distribution se fait normalement en couplant en quantité les dynamos.

Considérations générales. — Comme nous l'avons vu, le couplage en tension des dynamos, pour la distribution destinée aux appareils de l'artillerie, avait pour but d'assurer le fonctionnement de ces appareils, même dans le cas où une partie des dynamos génératrices seraient avariées, sans avoir besoin de prévoir des rechanges onéreux. Ce système entraîne, comme nous l'avons expliqué, la séparation complète du service de l'artillerie et de celui de l'éclairage. On se prive ainsi de la faculté précieuse de pouvoir faire concourir les dynamos d'éclairage au service de l'artillerie et réciproquement, de sorte que cette nécessité d'avoir des génératrices distinctes pour les deux services peut contrebalancer l'économie qu'on voulait réaliser dans la prévision des sources d'électricité nécessaires à l'artillerie. De plus, le double fonctionnement prévu pour les appareils, soit à 80 volts, soit à 160 volts, entraînait des complications dans les tableaux de répartition et de distribution; certains organes accessoires, que nous étudierons plus tard, avaient du être prévus même pour assurer le service soit avec l'un, soit avec l'autre voltage. Nous signalerons enfin la difficulté de faire des épreuves d'isolement dans les canalisations à trois fils, comme celles du *Jauréguiberry*.

D'un autre côté et depuis quelque temps, un fort courant d'opinion se créait dans la Marine en faveur d'un mode de distribution très simple, uniforme pour tous les services, et qui avait ses preuves dans toutes, ou presque toutes les installations à terre : nous voulons parler du couplage général de toutes les dynamos génératrices en *quantité*. En se donnant la faculté de mettre en *parallèle* un nombre plus ou moins grand de dynamos, suivant les besoins, sans distinction du genre d'appareils alimentés, on donne à la distribution sa plus grande simplicité; en même temps, on réalise ainsi la plus grande économie dans la constitution de la puissance génératrice totale nécessaire pour assurer le fonctionnement de tous les appareils à la fois. Ces appareils fonctionnant tous au même voltage, il suffit, en effet, que la somme des intensités développées par la génératrice soit égale, ou un peu supérieure, à la somme des intensités exigées par les appareils, sans qu'on ait besoin de s'ingénier à prévoir et à rendre possible la répartition de ces appareils sur les diverses génératrices. Avec une ou deux dynamos de rechange, on assure encore le fonctionnement de l'ensemble en cas d'avaries de quelques unités génératrices. Si l'on a soin de ne pas employer des unités trop puissantes, ces rechanges peuvent ne constituer qu'une faible fraction de la puissance totale et, par suite, ne sont pas trop onéreux. Nous avons, il y a plus de six ans déjà, dans notre livre des *Moteurs Électriques*, insisté sur ces considérations que nous faisions ressortir depuis fort longtemps dans notre cours oral. On trouve en particulier, dans ce livre, des exemples numériques indiquant l'économie réalisée par la meilleure utilisation des génératrices due au couplage en quantité.

Mais pour qu'on puisse complètement profiter de tous les avantages du couplage en quantité, pour qu'on puisse réduire au minimum les unités génératrices de rechange, il faut que toutes les dynamos soient indépendantes, aussi bien par leur moteur que par leurs parties électriques. On conçoit, par exemple, que, dans le cas du *Latouche-Tréville* étudié plus haut, les deux dynamos d'artillerie constituent bien en apparence quatre dynamos à 80 volts, mais en réalité n'en forment que deux indépendantes et pouvant se remplacer, puisque une avarie, par exemple, dans un moteur à vapeur ou dans l'un des inducteurs, rend indisponible la totalité d'une des dynamos à deux induits. Si, au contraire, les quatre induits appartenaient à quatre dynamos indépendantes, avec leur moteur à vapeur et leurs inducteurs séparés, une avarie dans l'un de ces derniers aurait laissé intacts les trois autres.

Or, le couplage en quantité des dynamos indépendantes, surtout si elles sont excitées d'une manière compound, ne laisse pas que d'exiger certaines précautions pour éviter les avaries. La solution la plus complète et la plus simple de la question eût été l'emploi de dynamos excitées en dérivation, et c'est cette solution qui sera, sans doute, la dernière étape de la distribution à bord des navires.

Mais nous n'avons pas ici à examiner les modes de distribution qui pourront et devront être employés dans l'avenir, puisque notre but est de décrire et d'expliquer ceux mis en application.

Pour les raisons que nous venons d'exposer, on a limité l'emploi du couplage en tension aux navires pour lesquels il avait été prévu, *Jauréguiberry*, *Charlemagne* et *Gaulois*, *Latouche-Tréville*, et, désormais, les installations nouvelles seront exécutées sur le principe du couplage en quantité des dynamos. Les dynamos employées restent toujours les dynamos à excitation compound adoptées par la Marine; mais, en raison de leur puissance relativement grande et des progrès réalisés dans la construction, l'excitation en série ne constitue plus, dans ces dynamos, qu'une faible correction de l'excitation en dérivation; on a prévu néanmoins des dispositifs de sécurité dépendant particulièrement du compoundage. D'une manière générale, d'ailleurs, ces dispositifs de sécurité particuliers et les dispositifs de sécurité généraux ont été rendus automatiques, afin de se mettre en garde contre les fausses manœuvres toujours possibles avec un personnel peu exercé.

Les installations actuellement en service sont celles du *Bouvet*, du *Guichen*, du *d'Entrecasteaux* et du *Châteaurenault*. Celles prévues sur le même principe sont, pour ne parler que de celles dont l'exécution est la plus prochaine, celles du *Saint-Louis* et de la *Jeanne-d'Arc*.

I. *Bouvet*, *Guichen*, *Jeanne-d'Arc*, *Saint-Louis*.

1° *Bouvet*. — L'installation électrique du *Bouvet* comprend quatre dynamos placées dans deux compartiments voisins, séparés par une simple cloison étanche; ces compartiments se trouvent sous le pont cuirassé, à peu près vers le milieu du bâtiment.

Un seul tableau de distribution, placé dans un petit réduit établi à l'avant des compartiments, est alimenté par les quatre dynamos. Il n'existe donc qu'un seul centre de distribution, ce qui simplifie considérablement l'installation.

Une canalisation générale, reliée au tableau de distribution, est établie dans toute le longueur du bâtiment, à tribord et à bâbord, et les différents appareils y sont reliés, comme nous le verrons, à divers points de branchements répartis sur toute la longueur.

Tableau de distribution. — Le tableau de distribution est représenté par la figure 45. Il se compose d'un panneau en ardoise, sur lequel sont montés un voltmètre V avec commutateur C à cinq directions, quatre ampèremètres intercalés respectivement sur le circuit des quatre dynamos. Quatre interrupteurs bipolaires I placés, deux à bâbord, deux à tribord, sont destinés à relier au tableau les deux tronçons tribord de la canalisation principale et les deux tronçons bâbord. A cet effet, le tableau comprend deux grandes bandes horizontales, la bande positive P et la bande négative N. Chaque interrupteur I est constitué par deux leviers D et F qui sont articulés dans deux chapes H et K, en communication avec les bornes +L et —L où sont fixés les conducteurs du tronçon de la canalisation principale. Les deux leviers sont réunis mécaniquement à leur extrémité et entretoisés par une poignée isolante M. Pour mettre la canalisation en communication avec les bandes du tableau, on abaisse les leviers, et chacun d'eux pénètre entre les mâchoires Q de deux peignes reliés aux bandes positive et négative du tableau.

Quatre autres interrupteurs bipolaires I′ permettent de mettre en communication avec les bandes du tableau les deux pôles d'une quelconque des quatre dynamos. Ces interrupteurs présentent la même disposition générale que les précédents. Ils sont encore constitués par deux leviers D′ et F′ articulés dans deux chapes H′ et K′ et qu'on peut manœuvrer au moyen d'une poignée isolante M′. Les chapes H′ et K′ sont reliées aux deux pôles d'une dynamo; mais ici les leviers sont maintenus relevés au repos, par deux forts ressorts à boudin qui tendent toujours, d'ailleurs, à les ramener dans cette position. Pour les amener dans la *position de marche* et les faire pénétrer dans les peignes Q′, il faut donc vaincre la résistance de ces ressorts. D'autre part, un électro-aimant *f* est disposé de telle sorte que, lorsqu'il attire son armature, celle-ci s'oppose à la mise des interrupteurs dans la position de marche. Or, cet électro-aimant *f* possède deux enroulements de fil fin disposés en sens inverse; l'un des enroulements est pris en dérivation entre les bornes de la dynamo correspondante, l'autre est disposé entre les bandes du tableau. Cet électro-aimant est donc *différentiel*. Par suite, l'armature est attirée et la manœuvre de l'interrupteur empêchée tant que l'un des enroulements prédomine sur l'autre, c'est-à-dire tant que la différence de potentiel fournie par la dynamo correspondant à l'interrupteur n'est pas égale sensiblement à celle existant déjà entre les deux bandes du tableau.

Ce dispositif de sécurité empêche donc de mettre en communication avec les bandes du tableau une dynamo qui n'est pas amorcée ou qui ne donne pas la différence de potentiel normale. Le voltmètre permet d'ailleurs de s'assurer à l'avance si la dynamo est dans des conditions convenables pour être mise en fonction, et indique la manœuvre à faire sur le moteur à vapeur pour y parvenir.

D'autre part, pour chaque interrupteur I′, un second électro-aimant G, enroulé de gros fils, est intercalé entre l'un des peignes et la bande négative du tableau. Lorsqu'on abaisse les leviers de l'interrupteur, le courant s'établit et traverse le gros fil de l'électro-aimant; celui-ci attire son armature. Cette dernière porte un tenon qui vient s'engager sur l'extrémité du levier correspondant et l'empêche de se relever sous l'action des ressorts. Si, pour une raison quelconque, la vitesse de la dynamo vient à baisser, l'intensité du courant qu'elle fournit au tableau diminue et pourrait devenir nulle, et même s'inverser, ce qui occasionnerait presque toujours des avaries graves; mais, avant cette inversion, l'électro-aimant abandonne son armature qui alors ne s'oppose plus au relevage des leviers sous l'action des ressorts. Le circuit de la dynamo est donc ainsi rompu, une sonnerie et une lampe témoin appellent en même temps l'attention du personnel de service. Cet

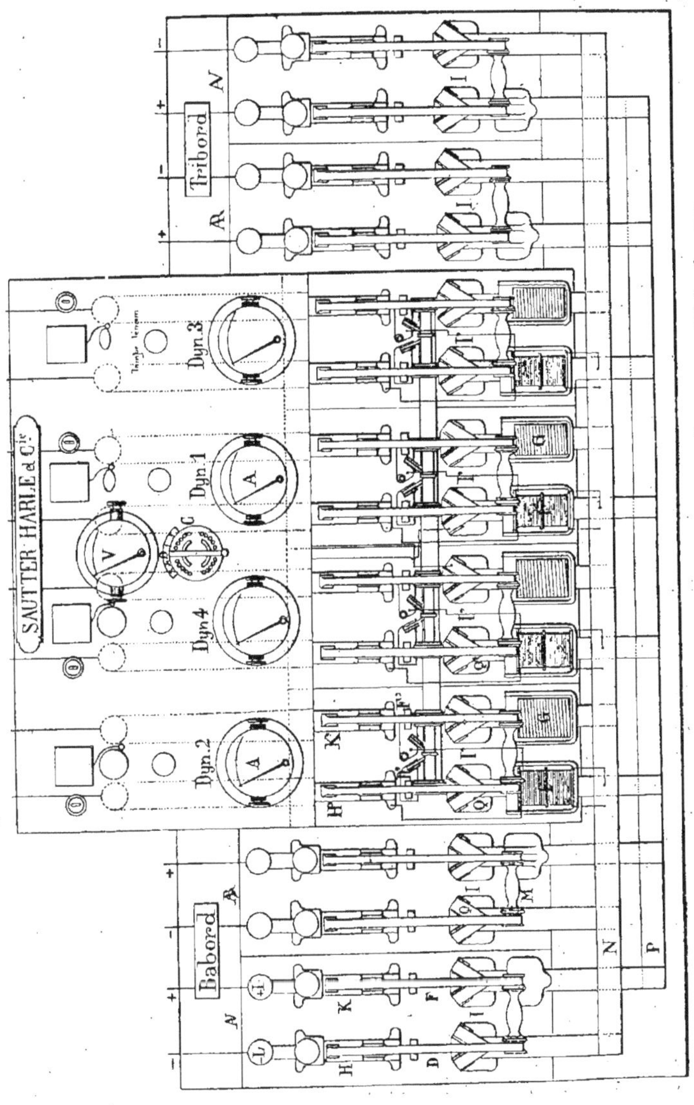

Fig. 45. — Tableau de distribution du *Bouvet*, avec couplage en quantité des dynamos.

électro-aimant est donc un *disjoncteur automatique*, empêchant le courant de s'inverser dans les dynamos.

Ces deux organes, *électro-aimant différentiel* empêchant de mettre en action une dynamo avant qu'elle soit dans des conditions convenables, et *disjoncteur automatique* rompant le circuit de toute dynamo qui a cessé d'être dans ces conditions, se retrouvent dans toute installation dont le couplage des dynamos en quantité est le principe.

Comme précaution particulière nécessitée par le compoundage des dynamos, nous devons signaler la réunion directe sur le tableau, par un troisième fil, du balai de chaque dynamo duquel part le gros fil inducteur, de manière à rendre absolument impossible tout renversement de sens du courant dans ce gros fil inducteur.

Pour assurer le service, on procède de la manière suivante :

Tant que le débit ne dépasse pas 400 ampères, une seule dynamo est en service. Lorsque cela devient nécessaire, on met en marche une seconde dynamo, et lorsque la différence de potentiel aux bornes de cette dynamo est égale à celle existant déjà entre les barres du tableau, on abaisse le commutateur de couplage correspondant, sans autre précaution. On opère de même lorsqu'il devient nécessaire d'ajouter une troisième ou une quatrième dynamo.

Lorsqu'on veut retirer du service une dynamo, il suffit de stopper son moteur à vapeur; le commutateur automatique fait son office et se relève, mettant hors circuit la dynamo.

Canalisation. — La canalisation principale, partant du tableau de distribution, est constituée, à tribord et à bâbord, par deux tronçons de circuit dont l'un va du tableau jusqu'à l'extrême A^V, et l'autre du tableau jusqu'à l'extrême AR. Les deux tronçons d'un même bord aboutissent séparément au tableau, mais en réalité ne sont que le prolongement l'un de l'autre. La canalisation générale peut donc être considérée comme formée d'un circuit unique à tribord et un à bâbord, longeant le bâtiment d'un bout à l'autre.

Dans la figure 46, les circuits ont été représentés comme formés d'un seul conducteur, mais, en fait, chacun comprend deux câbles de 326 ou 156 millimètres carrés de section. La protection de ces câbles est assurée par une armature consistant en deux rubans d'acier superposés et protégés à leur tour par un épais matelas de filin.

Dans chaque tranche verticale, on prend sur les câbles principaux une dérivation qui aboutit à un coupe-circuit étanche. Cette dérivation est prise avec des soins particuliers, et l'isolant du câble est complètement reconstitué par une vulcanisation sur place, de telle sorte que la canalisation principale est effectivement étanche dans toute sa longueur.

De chaque coupe-circuit étanche part une dérivation qui aboutit à un tableau secondaire *s* (*fig. 46*), duquel partent les différents branchements qui desservent l'éclairage par incandescence, les projecteurs, les moteurs électriques ou tous les autres appareils placés dans le voisinage de ces tableaux secondaires. Ces tableaux secondaires, répartis ainsi dans toute la longueur du navire, sont au nombre de dix-huit. D'ailleurs, des commutateurs bipolaires à deux directions permettent, sur chaque tableau secondaire, de prendre le courant soit sur la canalisation de tribord, soit sur la canalisation de bâbord; à cet effet, les tableaux secondaires de bords opposés sont reliés par des *traverses*. Un certain nombre de tableaux tertiaires *t*, reliés aux tableaux secondaires, permettent le groupement de certains appareils. La figure 46 donne d'ailleurs une idée générale de cette canalisation dont le plus grand mérite est la simplicité.

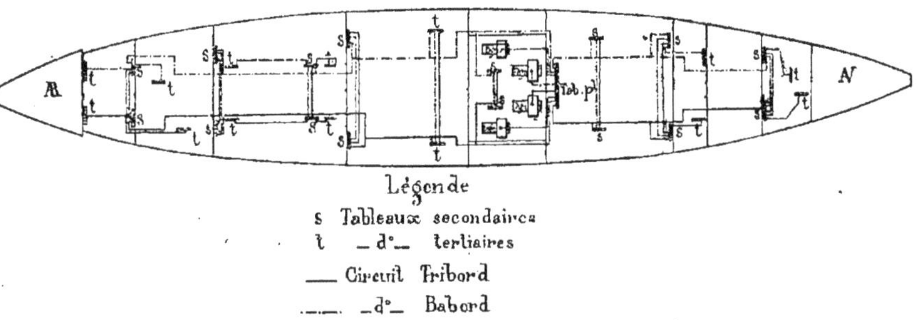

Fig. 46. — Schéma de la distribution générale à bord du *Bouvet*.

Les câbles qui desservent les appareils importants sont, comme les câbles principaux, armés et protégés par deux rubans d'acier. Les dérivations des lampes sont faites avec du câble sous plomb; seules, les dérivations qui desservent les appartements sont en câble ordinaire sous rubans de toile caoutchoutée.

2° GUICHEN. — Le *Guichen* a une installation presque identique à celle du *Bouvet*. Elle en diffère en ce que les dynamos, au nombre de quatre, sont réparties en deux postes : un au milieu, l'autre à l'Æ du bâtiment; un seul tableau de distribution, placé au milieu, doit être relié aux quatre dynamos. Il y a là une gêne sérieuse pour les ordres à donner quand le tableau doit être alimenté par les dynamos de l'Æ.

En outre, à bord du *Guichen*, les disjoncteurs automatiques du tableau ont reçu un enroulement supplémentaire de fil fin faisant suite à l'enroulement des deux bobines du différentiel; de cette manière, le noyau du disjoncteur est aimanté, même quand aucun courant ne traverse l'enroulement principal de gros fil; l'armature reste donc attirée quand on a fait la manœuvre nécessaire à la fermeture des circuits, même lorsque le courant débité est faible. Ce n'est que lorsque le courant a commencé à s'inverser que le disjoncteur fonctionne et rompt le circuit de la dynamo correspondante.

Saint-Louis, Jeanne-d'Arc et *Henri-IV*. — Le *Saint-Louis*, la *Jeanne-d'Arc* et le *Henri-IV* recevront des installations analogues.

II. — *D'Entrecasteaux*, *Châteaurenault*.

1° *D'Entrecasteaux*. — L'installation du *D'Entrecasteaux*, tout en étant établie suivant les mêmes principes que celle du *Bouvet*, en diffère néanmoins suffisamment par la forme des dispositifs employés, pour qu'il soit nécessaire de la décrire à part.

D'ailleurs, deux points essentiels suffisent à séparer cette installation de la précédente.

D'abord les dynamos, au lieu d'être comme sur le *Bouvet* réunies en un seul poste, sont partagées en deux groupes, placés aux deux extrémités du navire. Ensuite le *D'Entrecasteaux* a été doté de la manœuvre électrique des tourelles, qui n'existe pas sur le *Bouvet;* il en résulte un accroissement de la puissance électrique et des dimensions des organes, entraînant fatalement des modifications dans la forme. D'ailleurs, nous devons ajouter que les appareils du *Bouvet* sont de MM. Sautter et Harlé, tandis que ceux du *D'Entrecasteaux* sont des Forges et Chantiers de la Seyne, ce qui suffit à expliquer leur différence.

Dynamos. — Les dynamos génératrices du *D'Entrecasteaux*, quoique du même type général (dynamos à enroulement Brown et électros redresseurs de champ), sont de deux modèles différents. Les deux modèles sont tous deux construits pour 80 volts, mais l'un peut donner un débit moyen de 650 ampères; l'autre seulement de 300 ampères. En principe, les dynamos de ce dernier modèle sont destinées à assurer le service plus spécial d'éclairage et ventilation, les plus grosses dynamos devant fonctionner surtout lors des manœuvres de l'artillerie. Ces dernières ont des moteurs à vapeur à deux cylindres indépendants, tandis que les dynamos d'éclairage ont des moteurs compound à deux cylindres.

Au poste AV, au pied de la tourelle AV, se trouvent deux dynamos de 650 ampères, et au poste AR, au pied de la tourelle AR, quatre dynamos, dont deux de 650 ampères et deux de 300 ampères.

Tableaux de répartition. — Dans chacun des compartiments de dynamos AV et AR se trouve un *tableau de répartition*. Celui-ci se compose de deux bandes horizontales, une positive P (rouge) et une négative N (bleue) [*fig.* 47] et quatre *relais interrupteurs* R avec contact de sécurité commandant les circuits principaux suivants :

Incandescence tribord, incandescence bâbord, moteurs tribord, moteurs bâbord.

D'autre part, les deux pôles de chaque dynamo du poste correspondant à un tableau sont reliés aux deux bandes de ce tableau par l'intermédiaire, toutefois, d'organes de sécurité dont nous parlerons plus loin. Des quatre relais interrupteurs commandant les circuits, deux sont prévus pour 1,000 ampères chacun (circuits des moteurs) et les deux autres pour 200 ampères.

Chaque relais comprend essentiellement un électro-aimant E à noyau intérieur mobile et un électro-aimant E_1 à noyau fixe, susceptible d'attirer et de retenir fortement une armature. Ce dernier électro-aimant est à deux bobines pour les gros relais de 1,000 ampères et à une seule bobine pour les petits de 200 ampères.

L'armature de l'électro-aimant E_1 porte deux plaques métalliques formant *ponts*. D'autre part, quatre robustes contacts formés de lames de cuivre superposées, *a* et *a'*, *b* et *b'*, communiquent avec les bandes positive et négative du tableau et avec les deux conducteurs positif et négatif d'un circuit. Lorsque l'armature vient porter sur les noyaux de l'électro-aimant E_1, les ponts établissent la communication entre *a* et *a'*, d'une part, *b* et *b'*, d'autre part, et relient ainsi les conducteurs du circuit aux bandes du tableau.

Nous devons mentionner qu'entre les contacts principaux, constitués comme il vient d'être dit, des contacts supplémentaires en charbon servent de pare-étincelles au moment de la rupture des circuits.

Disons tout de suite que le noyau mobile de l'électro-aimant E est relié mécaniquement à l'armature de l'électro-aimant E_1, de telle sorte que l'électro-aimant E, en *avalant* son noyau, et l'électro-aimant E_1, en *attirant* son armature, concourent tous les deux à appliquer les ponts sur les contacts feuilletés *a* et *b* et, par suite, à fermer les circuits. Voici la raison déterminante de l'emploi conjugué de ces électro-aimants. Les courants importants dont il s'agit ici exigent des contacts parfaits pour éviter un échauffement local exagéré; les ponts doivent donc être appliqués avec une grande force sur les contacts feuilletés, ce qui est assuré par l'électro-aimant E_1 à noyau fixe et armature mobile retenue très fortement par le noyau quand l'électro-aimant est excité. Mais, d'autre part, une armature ne peut être attirée par un noyau fixe qu'à une assez faible distance, et si l'on eût fait usage du seul électro-aimant E_1, on eût donc été conduit, lors de l'ouverture des circuits, à limiter l'écart de l'armature et à ne laisser, par suite, les ponts formés portés par l'armature s'éloigner que fort peu des contacts *a, b*. Il eût été alors à craindre, par suite du courant intense, que des arcs voltaïques ne pussent persister à la rupture du courant. L'électro-aimant additionnel E à noyau mobile est, au contraire, susceptible d'agir sur ce dernier, même en lui supposant une grande course, mais sans produire une grande force. En conjuguant les deux actions, on peut laisser les ponts s'écarter beaucoup des contacts feuilletés; lorsque les électro-aimant E et E_1 sont tous les deux excités, le premier E commencera à attirer son noyau et, ce faisant, à rapprocher l'armature de l'électro-aimant E_1; alors ce dernier, agissant fortement sur l'armature, appliquera énergiquement les ponts sur les contacts feuilletés *a, b*. Il va sans dire que des ressorts antagonistes puissants écartent les ponts des contacts feuilletés lorsque les électro-aimants ne sont pas actionnés.

On voit que les deux électro-aimants E et E_1, l'un E, dit l'*avaleur*, donne la *course*, et l'autre E_1, dit le *colleur*, la *force*. C'est là une combinaison des plus ingénieuses.

Quelle est maintenant la raison de l'emploi d'électro-aimants relais pour servir d'interrupteurs aux circuits desservis par les tableaux?

Nous avons dit que les deux tableaux de répartition A' et Æ sont semblables, les quatre circuits d'incandescence et des moteurs aboutissent par une extrémité au tableau A' et par l'autre au tableau Æ. Supposons qu'on mette en marche à la fois des dynamos à l'A' et à l'Æ, qu'on relie leurs bornes avec les bandes des tableaux; les dynamos de l'A' et celles de l'Æ seraient couplées en quantité, si on pouvait en même temps mettre en communication les circuits principaux, par un bout, avec les bandes du tableau A' et, par l'autre bout, avec les bandes du tableau Æ. Or, si l'on a voulu coupler en quantité intentionnellement les dynamos de l'A' entre elles, d'une part, et les dynamos de l'Æ également entre elles, d'autre part, parce que des précautions peuvent être prises, sur place, pour éviter les conséquences désastreuses d'un couplage fait dans de mauvaises conditions, on a reculé devant les difficultés qu'il y aurait eu à prendre les mêmes précautions pour coupler *volontairement* les dynamos de l'A' avec celles de l'Æ, séparées comme elles le sont par toute la longueur du navire et placées

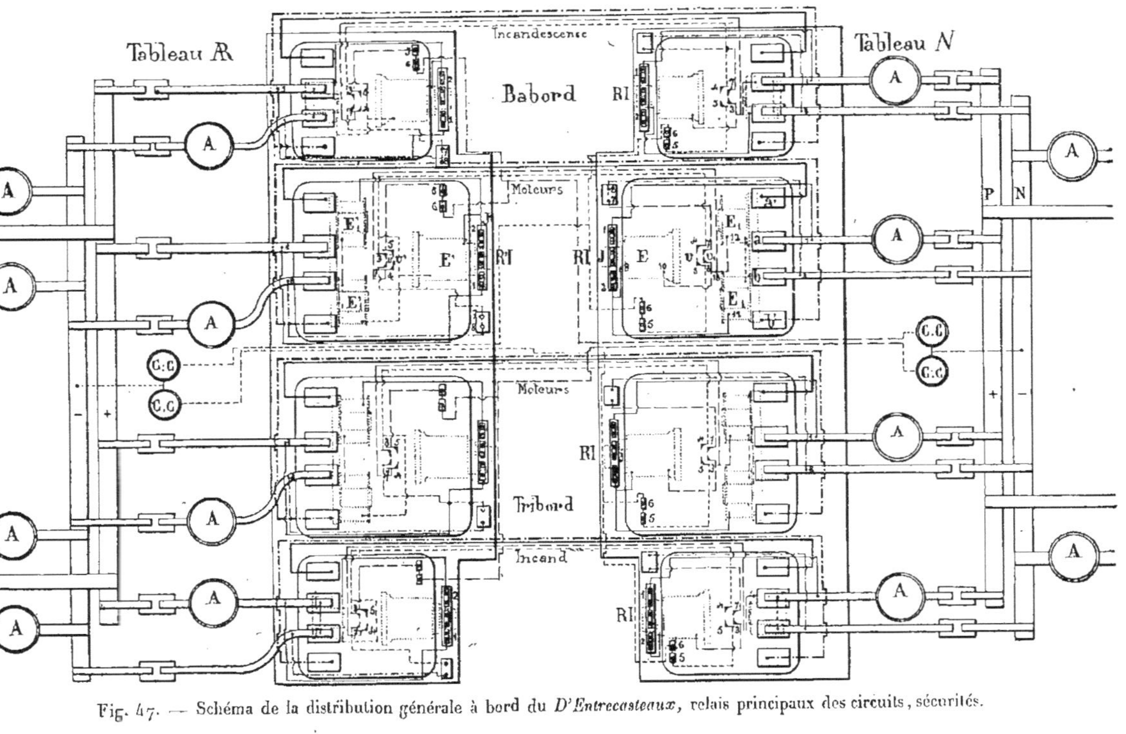

Fig. 47. — Schéma de la distribution générale à bord du *D'Entrecasteaux*, relais principaux des circuits, sécurités.

dans des compartiments qui, en temps de guerre, n'auraient entre eux aucune communication facile. D'autre part, nous répétons une fois de plus, que les couplages *accidentels, non voulus,* doivent être évités à tout prix.

Ceci étant, les *relais interrupteurs* existant sur chacun des tableaux, à l'aboutissement de chaque circuit principal, les circuits d'excitation de ces relais ont été disposés de manière que chacun d'eux ne puisse être actionné que si, au poste opposé, son correspondant ne l'a pas déjà été. Par exemple, le relais interrupteur du tableau AV, commandant le circuit *moteurs tribord,* ne pourra être actionné, et mettre les conducteurs de ce circuit en communication avec les bandes du tableau, que si, à l'AR, le relais interrupteur du même circuit *moteurs tribord* n'a pas été lui-même actionné.

Dans ce dessein, la figure 47 montre que, par une disposition tout à fait analogue à celle des *sécurités* du *Jauréguiberry,* le circuit excitateur des électro-aimants E et E_1 d'un relais Rl du tableau AV, par exemple, va passer au tableau AR, et là il présente une interruption qui est fermée lorsque les électro-aimants du relais correspondant R'l de ce tableau n'ont pas été actionnés. Cette interruption reste ouverte, au contraire, si le relais de l'AR a été actionné. En suivant, par exemple, les communications du relais Rl du circuit *moteurs bâbord* de l'AV, nous voyons que, du point 1 sur la bande positive (rouge), reliée au contact feuilleté *a,* nous gagnons, par l'interrupteur avec fil fusible J ou 1, 2, les électro-aimants E et E_1, en dérivation l'un sur l'autre; le courant pénètre dans les électro-aimants parallèlement par les points 9 et 11 et sort par les points 10 et 12; à la sortie des électro-aimants, nous gagnons, par le point 13 et un conducteur intermédiaire entre les tableaux, le tableau AR (nous laissons de côté provisoirement le passage interrompu 3 à 7). Au tableau AR, nous arrivons au point 4 et, *si le relais* R'l *n'a pas été actionné,* si l'interrupteur *r'* est, par suite, automatiquement fermé, nous passons de 4 à 5 et, par le fil fusible 5, 6 et un second fil intermédiaire entre les tableaux, nous regagnons le tableau AV, allant rejoindre la bande négative de ce tableau (bleue).

Si nous revenons maintenant à l'interruption 3, 7 du tableau AV, nous voyons que, lorsque cette interruption est fermée, le circuit des électro-aimants E et E_1 peut rejoindre directement la bande négative du tableau AV, *sans passer par le tableau* AR, en passant par le coupe-circuit à barrette 7, 8; or, cette interruption 3, 7 est fermée lorsque, les électro-aimants E et E_1 ayant été actionnés, les ponts sont appliqués sur les contacts feuilletés *a* et *b*.

Ceci posé, voyons comment fonctionnent les appareils. Nous distinguerons trois cas.

1er Cas. *Le circuit moteurs-bâbord ne doit être en communication ni avec le tableau AV, ni avec le tableau AR.* — Alors les interrupteurs J et J', placés sur le circuit des relais, sont maintenus ouverts aux deux tableaux. Les relais de l'AV et de l'AR ne peuvent être excités et les ponts ne peuvent s'appliquer sur les contacts *a, b*.

2e Cas. *Le circuit moteurs-bâbord n'étant pas alimenté actuellement ni par l'AV, ni par l'AR, on veut l'alimenter par l'AV.* On ferme à l'AV l'interrupteur J; comme à l'AR, les électro-aimants n'ont pas été actionnés, l'interruption v' est fermée et le circuit des électro-aimants E et E_1 de l'AV est complet; ils agissent sur leurs noyau et armature, et le circuit *moteurs-bâbord* est relié au tableau AV. Mais, en même temps, l'interruption v_1 est fermée par suite même du fonctionnement de l'électro-aimant E et le circuit des électro-aimants reste fermé directement, sans que maintenant le tableau AR ait à intervenir et *malgré des avaries dans ce dernier tableau.* En temps de combat, on alimentera les circuits d'un bord par un tableau et les circuits de l'autre bord par le second tableau, obtenant ainsi une grande sécurité de fonctionnement.

3e Cas. *Le circuit moteurs-bâbord étant alimenté par l'AV, on veut l'alimenter par l'AR.* — L'interrupteur J' de l'AR étant fermé, les électro-aimants E' et E'_1 ne sont pas pour cela actionnés, puisque l'interruption v du tableau AV a été ouverte par le fonctionnement du relais de ce tableau et que cette interruption v est placée dans le circuit des électro-aimants E' et E'_1, comme l'interruption v' de l'AR est dans le circuit des électro-aimants E et E_1.

Mais si on vient maintenant à ouvrir J de l'AV, le circuit des électro-aimants E et E_1 étant rompu, leur armature est rappelée par les ressorts antagonistes, l'interruption v est fermée et le circuit des électro-aimants E' et E'_1 de l'AR est alors complet : ils agissent et établissent la communication du circuit *moteurs-bâbord* avec le tableau AR.

Le passage d'un circuit d'un tableau à l'autre est pour ainsi dire instantané.

On voit que cette manœuvre automatique par relais rend impossible l'alimentation simultanée d'un circuit par les deux tableaux.

Par précaution supplémentaire, on pourra établir, en dérivation entre les deux conducteurs d'un circuit, à leur arrivée au tableau, une lampe à incandescence; cette lampe sera allumée si, par l'autre bout, le circuit est déjà en communication avec le tableau opposé et si celui-ci est, par ailleurs, alimenté par une dynamo. Ces lampes-témoins éviteront de tenter inutilement une manœuvre impossible, telle que celle d'alimenter par l'A', sans rompre au préalable, par l'interrupteur J', le circuit des relais du tableau A.

Nous compléterons la description des tableaux de répartition en ajoutant que chacun des quatre circuits principaux *d'incandescence* ou de *moteurs* comporte un ampèremètre et qu'à l'arrivée au tableau, un ampèremètre totalisateur est intercalé sur le circuit de chaque dynamo. Inutile d'ajouter que des plombs fusibles sont répandus à profusion partout et permettent de séparer d'un tableau toute partie avariée ou menacée d'avarie.

Connexions des génératrices avec les tableaux de répartition. — Nous avons dit que les deux bornes de chacune des dynamos d'un poste étaient ou pouvaient être mises en communication avec les deux bandes positive et négative du tableau correspondant.

Mais ici, comme dans l'installation du *Bouvet,* il y aura lieu de prendre certaines précautions pour que le couplage des dynamos ne puisse occasionner d'avaries.

En premier lieu, il faut ne mettre en communication avec les bandes du tableau que les dynamos donnant très approximativement la différence de potentiel normale. Un *relais différentiel* sera l'organe empêchant encore ici, comme sur le *Bouvet,* de mettre en service une dynamo n'ayant pas le voltage normal. Ensuite il faut empêcher le renversement du courant dans une dynamo, lorsque, pour une raison quelconque, cette dynamo ayant été couplée avec d'autres déjà en service, sa vitesse vient, par exemple, à décroître assez pour rendre très inférieure la différence de potentiel qu'elle présente aux bornes.

Un *disjoncteur automatique,* rompant le circuit de la dynamo, lorsque le courant qu'elle débite commence à s'inverser, est encore ici l'organe préservateur.

Enfin on établira encore des liaisons directes entre les balais des dynamos d'où part le gros fil inducteur, afin que, dans le cas où, malgré les organes préservateurs indiqués ci-dessus, le courant viendrait néanmoins à s'inverser dans une dynamo, cette liaison empêche au moins le courant d'être inversé dans les gros fils inducteurs et les pôles inducteurs d'être intervertis.

Les liaisons des dynamos au tableau sont donc, dans les grandes lignes, identiques sur le *D'Entrecasteaux* et sur le *Bouvet,* puisque l'on fait usage, dans l'une et l'autre installation. des mêmes organes de sécurité. Ce qui distingue l'installation du *D'Entrecasteaux*, c'est que la mise en communication des dynamos avec le tableau, au lieu de se faire, lorsqu'elle est permise et possible, par des commutateurs manœuvrés à la main, est opérée automatiquement par des relais. Nous allons d'ailleurs décrire ces dispositions avec quelques détails.

Tableau de couplage d'une dynamo. — La figure 48 représente schématiquement un tableau de couplage de dynamo tel qu'il est installé sur le *D'Entrecasteaux ;* ce tableau est aussi appelé *tableau de connexion d'une génératrice.*

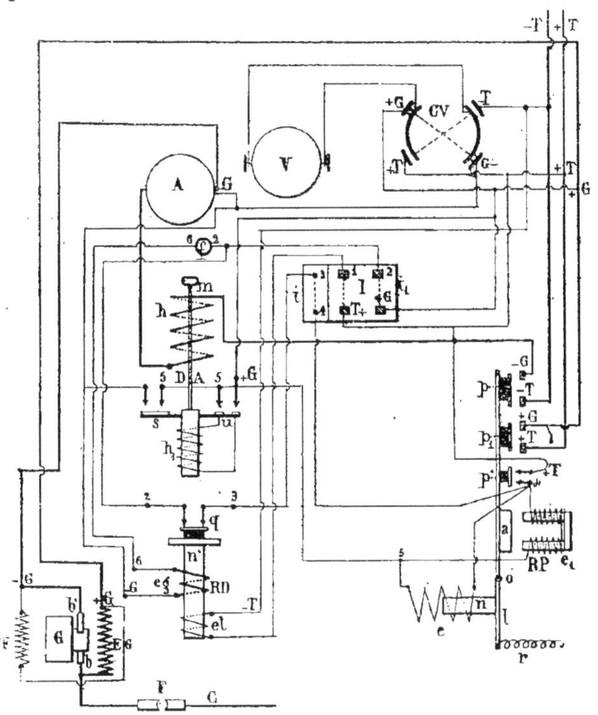

Fig. 48. — Schéma du tableau de couplage d'une dynamo à bord du *D'Entrecasteaux.*

Le tableau de couplage d'une génératrice comprend : *un relais principal de couplage,* RP ; *un relais différentiel,* RD ; *un disjoncteur automatique,* DA ; *un interrupteur multiple,* I ; *un commutateur de voltmètre,* CV ; *un ampèremètre,* A ; *un voltmètre,* V.

Les deux bornes positive et négative de la dynamo, +G et —G, sont reliées aux bandes positive et négative du tableau principal, +T et — T, par l'intermédiaire du *relais principal* RP. Celui-ci comprend deux électro-aimants, e et e_1; le premier attire *à distance* un noyau mobile n, fixé au levier l: c'est *l'électro-aimant avaleur;* le second possède un noyau fixe et attire une armature a avec une grande force lorsque e premier électro-aimant a suffisamment approché cette armature : c'est *l'électro-aimant colleur*. Le premier électro-aimant donne la *course;* le deuxième, la *force.*

Un ressort antagoniste r ramène le levier l en arrière, en le faisant basculer autour de l'axe o, lorsque les électro-aimants e et e_1 ne sont pas excités.

Or, le levier l porte des ponts p et p_1 qui viennent, lorsque les électro-aimants sont excités, appuyer sur des contacts feuilletés et mettre ainsi en communication les bornes positive et négative de la dynamo, $+$G et $-$G, avec les bandes positive et négative, $+$T et $-$T, du tableau principal. Ce relais principal met donc en communication la génératrice avec le tableau principal, à la condition, toutefois, que ses électro-aimants puissent être actionnés. Or, le circuit d'excitation de ceux-ci n'est fermé qu'à la condition que le relais différentiel RD et le disjoncteur automatique DA le permettent. Nous allons étudier le fonctionnement de ces derniers.

Le *relais différentiel* RD est un solénoïde à deux enroulements agissant en sens inverse; l'un *eg* en dérivation entre les bornes de la génératrice G, l'autre *et* en dérivation entre les bandes T du tableau principal. Ce solénoïde agit sur un noyau mobile n'. Un ressort à boudin extérieur tend à faire remonter le noyau n'; le solénoïde, au contraire, quand il est excité, soit par l'enroulement *eg*, soit par l'enroulement *et*, tend à faire descendre le noyau n'. Le noyau n' porte un pont q qui, lorsque le noyau est en haut, établit la communication entre le point 2, relié par l'interrupteur multiple I au pôle positif $+$G de la dynamo, et le point 3, que le même interrupteur I met en relation avec le point 4, origine des enroulements des bobines e et e_1 du relais principal. Ce noyau n' remontera, établissant la communication entre 2 et 3, lorsque le ressort à boudin pourra agir librement, soit parce qu'aucun courant ne passe dans les enroulements *eg* et *et*, soit parce que les deux enroulements sont parcourus par des courants à peu près égaux. Dans ce dernier cas, en effet, comme les deux enroulements sont de sens inverse et comprennent le même nombre de spires, leurs effets s'annulent. Or, comme les deux enroulements sont dérivés, l'un sur la dynamo G, l'autre entre les bandes du tableau T, les courants sont les mêmes lorsque les différences de potentiel à la dynamo et au tableau sont identiques.

Le noyau n' s'abaissera, au contraire, et la communication entre 2 et 3 sera rompue lorsqu'un seul des enroulements *eg* ou *et* sera excité, ou bien lorsque, les deux enroulements étant excités, les différences de potentiel présentées par la dynamo et le tableau sont notablement différentes.

Ainsi, en résumé, le relais différentiel ferme ou laisse ouverte, suivant les circonstances, une interruption 2 — 3, placée sur le fil allant du positif de la génératrice aux électro-aimants du relais principal.

Le *disjoncteur automatique* D A, qu'on appelle aussi *conjoncteur-disjoncteur*, comprend un énorme électro-aimant h, en série sur le conducteur allant de la borne négative de la génératrice G à la bande négative du tableau principal T, et, d'autre part, un petit électro-aimant h_1, à fil fin, qui peut être excité par une dérivation prise entre les bornes de la dynamo G. Pour que h_1 soit excité, il faut que les contacts u soient établis, ce qui relie une extrémité de l'enroulement avec le positif +G de la dynamo et que le pont s établisse également la communication du négatif — G de la dynamo avec l'autre extrémité de l'enroulement.

Or, ces divers contacts sont établis si on soulage à la main l'électro-aimant h_1, en agissant sur la tige à poignée m. Par cette manœuvre, le noyau de l'électro-aimant h_1 excité, venant s'appliquer sur celui de l'électro-aimant h, y reste collé et les communications par le pont s et les contacts u restent établies, même si on lâche la poignée m. Il faut remarquer que le pont s met en communication le négatif de la dynamo avec les électro-aimants e et e_1 du relais principal. *A fortiori*, l'électro-aimant h_1 reste-t-il soulagé et les contacts par s et u établis, si l'électro-aimant h est à son tour excité par le débit de la dynamo G, *parce que les pôles magnétiques présentés en regard par* h *et* h_1 *sont différents, lorsque la dynamo fonctionne normalement.*

Mais, si le courant venait à s'inverser dans la dynamo, h repousserait h_1 qui retomberait par son poids; les communications par s et u seraient alors rompues et le circuit du relais principal ne serait plus complet.

L'interrupteur multiple I est formé de deux parties, i et i_1, qu'on peut manœuvrer séparément. La première, i, permet d'établir la communication entre 4 et 3; la seconde, i_1, permet d'établir à la fois les communications entre 1 et +T, 2 et +G. Nous signalerons la possibilité d'interrompre en f la communication entre 2 et le point 6 qui est une extrémité de l'enroulement eg du différentiel.

Le *commutateur* CV du *voltmètre* permet de mettre en relation les bornes du voltmètre V, soit avec les bornes de la dynamo G, soit avec les bandes du tableau T, c'est-à-dire de mesurer la différence de potentiel successivement à la dynamo et au tableau.

Enfin, signalons, au bas de la figure, un interrupteur à fiche F, auquel aboutit le *câble-compensateur* C. Ce câble va rejoindre les interrupteurs à fiche des autres dynamos du poste. Lorsque les fiches F sont en place, on réunit ainsi tous les balais b des dynamos d'où part le gros fil inducteur EG.

Nous pouvons maintenant voir comment fonctionnent les divers organes. Nous disintguerons trois cas.

1er Cas. *Aucune dynamo n'étant en marche, le tableau n'est pas alimenté; on veut mettre en fonction une dynamo.* — Dans ce cas, les électro-aimants e et e_1 du relais principal ne sont pas excités, non plus que les électro-aimants h et h_1 du disjoncteur; les communications par s et u ne sont pas établies. Le relais différentiel ne recevant aucun courant, la communication par le pont q est établie.

On met en marche la dynamo qu'on veut employer et, lorsque le voltmètre, mis en relation par CV, indique une différence de potentiel normale, on soulève l'électro-aimant h_1 du disjoncteur par la poignée m. Cet électro-aimant est excité, reste collé à h et les contacts s et u restent établis. Les contacts entre 2 et 6 étant interrompus par f, on ferme d'abord l'interrupteur i_1, puis l'interrupteur i; le pont q du disjoncteur est en haut, puisque l'enroulement ct n'est parcouru par aucun courant, que, d'autre part, le circuit de l'enroulement eg a été rompu en f. Le circuit des électro-aimants e et e_1 du relais principal est alors complètement fermé; l'extrémité 4 est, en effet, reliée au pôle positif + G de la dynamo par 4, 3, le pont q et la borne 2 de l'interrupteur i_1; l'extrémité 5 est reliée au négatif — G par le pont s du disjoncteur.

Les électro-aimants e et e_1 étant actionnés, les ponts p et p_1 relient les bornes + G et — G de la dynamo aux bandes + T et — T du tableau principal.

Il faut remarquer qu'alors le pont p' relie directement l'extrémité 4 des électro-aimants e et e_1 au positif de la dynamo sans passer par l'intermédiaire du relais différentiel. Cette disposition assure la communication de la dynamo avec le tableau principal, malgré les oscillations que le noyau n' du relais différentiel pourra éprouver par la suite.

2° Cas. *Le tableau principal est déjà alimenté par une dynamo; on veut mettre une nouvelle dynamo en action.* — On met en marche la dynamo qui doit être couplée avec la première. L'interruption f est ici maintenue fermée. Lorsque le voltmètre indique que la différence de potentiel mesurée à la dynamo atteint la même valeur que celle mesurée au tableau, on soulage l'électro-aimant h_1 du disjoncteur par la poignée m et on ferme l'interrupteur i_1; les deux enroulements eg et ct du différentiel sont, cette fois, tous deux excités; mais, si les deux différences de potentiel mesurées au voltmètre sont à peu près égales, l'effet des deux enroulements est nul et le pont q est en haut. S'il en est besoin, et en suivant les indications du voltmètre, on manœuvre le moteur à vapeur de la dynamo qu'on veut mettre en action, de manière à égaliser les différences de potentiel, On ferme alors l'interrupteur i, ce qui actionne les électro-aimants e et e_1 du relais principal et couple la seconde dynamo avec le tableau comme précédemment.

3e Cas. *On veut retirer une dynamo du service.* — Il suffit de diminuer la vitesse du moteur à vapeur actionnant la dynamo ; lorsque le voltage est suffisamment réduit, le courant, dans l'élément h du disjoncteur se renverse et l'électro-aimant h_1 se détache, rompant les contacts s et u. Le relais principal a donc alors son circuit ouvert et interrompt la communication de la dynamo avec le tableau.

On peut aussi agir à la main sur la poignée m pour rompre les contacts s et u. En pratique, on opérera par les deux moyens simultanément, c'est-à-dire qu'on réduira la vitesse de la dynamo, tout en observant son ampèremètre et, lorsque l'intensité débitée aura suffisamment diminué, on rompra à la main les contacts du disjoncteur. Alors, le relais principal cessant d'être actionné, la dynamo est séparée du tableau.

Nous rappelons qu'en cas de baisse importante de voltage involontaire de la génératrice mise en action, pour quelque cause que ce soit, le disjoncteur agira encore pour la séparer du tableau.

Canalisations. — Nous savons déjà que, de l'AV à l'AR, réunissant les deux tableaux, sont élongés quatre circuits, deux à tribord, deux à bâbord, pour desservir l'incandescence et les moteurs. De distance en distance, ces circuits sont reliés par l'intermédiaire de *boîtes étanches* à des *tableaux secondaires*. Les boîtes étanches, établies sous le pont cuirassé, sont au nombre de huit. Les tableaux secondaires permettent de distribuer le courant soit aux lampes à incandescence, soit aux moteurs électriques.

Tout l'éclairage sous le pont blindé est fait en quinconce, les lampes étant prises alternativement sur le circuit de tribord et sur celui de bâbord. Les appareils importants, tels que les feux de signaux et de navigation, les transmetteurs d'ordres ont un commutateur bipolaire à deux directions permettant de prendre le courant à tribord ou à bâbord.

Tous les moteurs peuvent être alimentés, soit par tribord ou par bâbord, grâce à des commutateurs bipolaires à deux directions placés sur les tableaux secondaires et à des traverses amenant le courant des tableaux secondaires de tribord à ceux de bâbord et réciproquement, ainsi que déjà nous l'avons indiqué pour le *Bouvet*.

Projecteurs. — Des bandes du tableau principal de l'AV portent deux conducteurs aboutissant aux deux bandes d'un tableau de distribution des projecteurs situé à l'AV. Ce tableau permet d'alimenter les six projecteurs. De même, un tableau de distribution, pouvant également alimenter les six mêmes projecteurs, se trouve à l'AR relié aux bandes du tableau principal de l'AR.

D'ailleurs, chaque projecteur est muni d'un commutateur bipolaire à deux directions permettant de prendre le courant, soit au tableau de distribution AV, soit au tableau de distribution AR. Ainsi chacun des projecteurs a un double circuit, l'un venant de l'AV, l'autre venant de l'AR. Cette disposition a déjà été signalée dans l'installation du *Jauréguiberry*.

2° Châteaurenault. — Nous ne faisons qu'indiquer ici les dispositions générales de l'installation du *Châteaurenault*, encore en achèvement. Ces dispositions paraissent d'ailleurs devoir être celles des autres navires à construire dans l'avenir.

Les dynamos sont couplées en quantité.

Deux circuits principaux longent le navire dans toute sa longueur, un à tribord, l'autre à bâbord.

Tous les appareils, lampes à incandescence, projecteurs, moteurs, sont pris sur l'un ou l'autre des circuits principaux, grâce à des tableaux secondaires répartis dans les diverses tranches du navire.

Cette disposition très simple est, on le voit, celle du *Bouvet*, mais les appareils de couplage des dynamos sont à peu près identiques à ceux du *D'Entrecasteaux*, c'est-à-dire qu'on fait usage des relais.

Le tableau de couplage des dynamos du *Châteaurenault* diffère quelque peu cependant de celui *D'Entrecasteaux* par les connexions des organes de ce tableau qui ont été simplifiées.

La figure 49 représente schématiquement le nouveau tableau de couplage. Les mêmes lettres y désignent les mêmes organes que dans le tableau de la figure 48. Sans que nous ayons besoin d'étudier en détail le fonctionnement des appareils, il nous suffira d'indiquer que l'enroulement *et* du *différentiel* RD est immédiatement mis en relation par ses deux extrémités avec les deux bandes du tableau, lorsqu'on soulage à la main l'électro-aimant h_1 du disjoncteur, grâce au pont *s*; l'enroulement *eg* est également mis en relation par ses extrémités avec les deux pôles de la dynamo G, par le pont *u*, lorsqu'on soulage l'électro-aimant h_1; un interrupteur *i'*, fermé d'une manière normale, remplace le plomb fusible *f* de la figure 48.

L'interrupteur double I de la figure 48 est supprimé et remplacé par un simple interrupteur *i* intercalé sur le circuit des électro-aimants du relais principal. Celui-ci comprend encore un *avaleur* et un *colleur*, comme dans la figure 48, mais on n'a figuré ici que le colleur e_1.

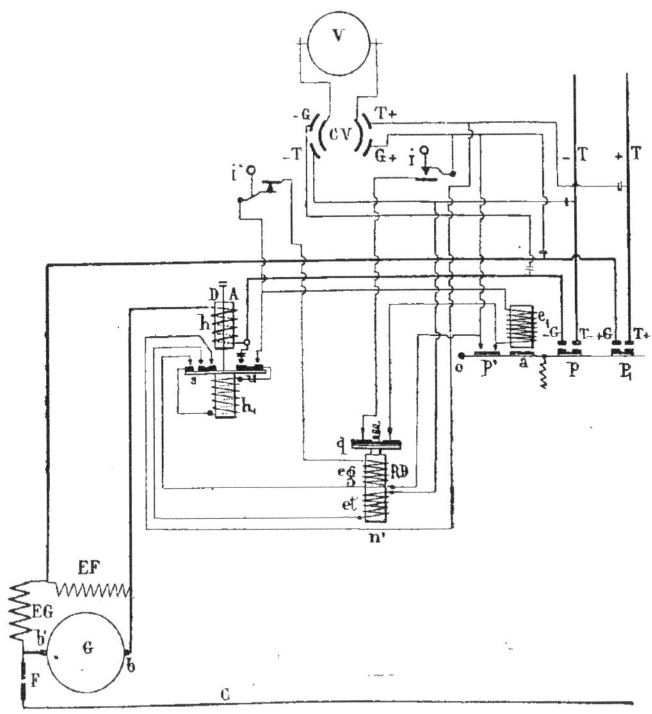

Fig. 49. — Schéma du tableau de couplage d'une dynamo à bord du *Châteaurenault*.

La manœuvre pour réunir une dynamo au tableau consiste à mettre cette dynamo en marche, à soulager l'électro-aimant h_1 du disjoncteur et à fermer l'interrupteur *i*. Si le tableau n'est pas alimenté d'avance par une autre dynamo, on presse sur le bouton de l'interrupteur *i'*.

TITRE III.

LAMPES À ARC ET PROJECTEURS.

§ 1er. — Lampes à arc.

Généralités. — Lorsqu'un voltaïque est formé entre deux charbons, la majeure partie de la lumière est produite par le cratère positif. La figure 50, reproduction de la figure 85 du tome II du *Cours d'électricité,* montre clairement, par des rayons vecteurs de longueur variable, l'intensité lumineuse donnée par un arc voltaïque établi entre deux charbons verticaux à axes coïncidant suivant différentes directions d'un même plan vertical.

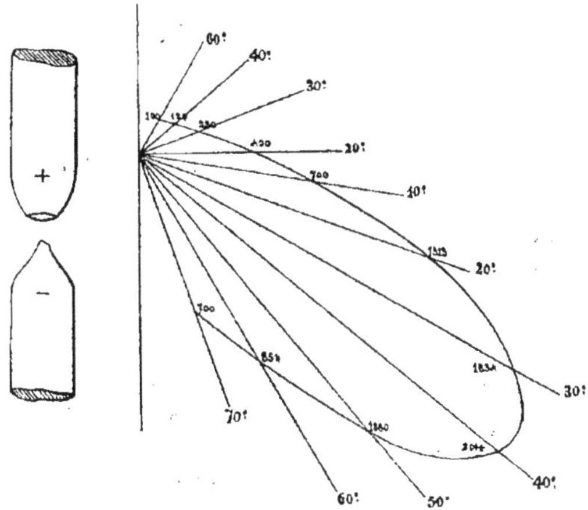

Fig. 50. — Courbe des intensités lumineuses dans un plan vertical, pour un arc voltaïque à charbons verticaux.

On voit bien, sur cette figure, que l'on obtient les intensités lumineuses les plus grandes pour les directions suivant lesquelles on peut le plus facilement apercevoir le fond du cratère positif. Si le charbon négatif ne masquait pas les rayons lumineux pour la direction verticale et pour des directions voisines, c'est vers le bas et dans la direction verticale que l'intensité lumineuse aurait son maximum. La figure 51 montre le *cône d'ombre* A O B créé par le charbon négatif. Il est limité par les génératrices, telles que C A, qui, s'appuyant sur les bords du cratère positif, sont tangentes au charbon négatif. Si nous construisons de plus le cône A′ O′ B′ formé par des génératrices D A′, C B′, nous voyons qu'un point P, compris entre les deux cônes, ne reçoit de la lumière que d'une partie seulement C F du cratère positif. On comprend bien alors pourquoi le maximum d'intensité lumineuse est reporté à 40 degrés environ de la direction verticale.

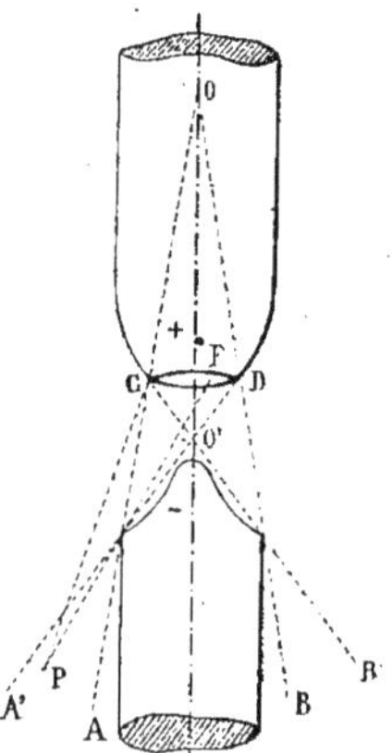

Fig. 51. — Cône d'ombre projeté par le charbon négatif.

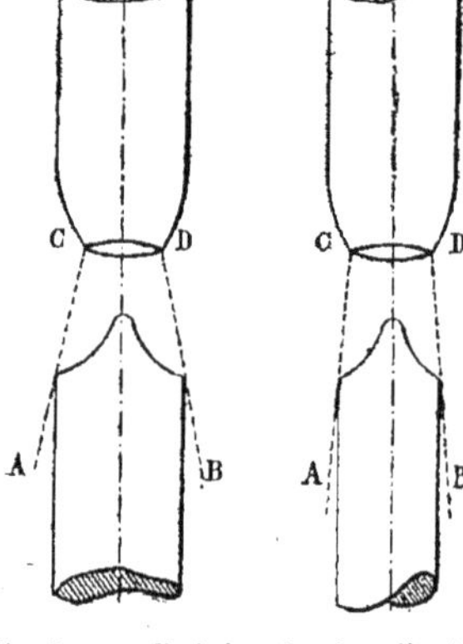

Fig. 52. — Variation du cône d'ombre avec le diamètre du charbon négatif.

L'angle du cône d'ombre créé par le charbon négatif est variable avec le diamètre des charbons employés, la distance à laquelle on maintient les charbons pour entretenir l'arc voltaïque et aussi avec la grandeur du cratère positif, laquelle dépend de l'intensité du courant passant par les charbons.

En examinant les figures 52, 53 et 54, on voit aisément que l'angle du cône d'ombre est d'autant plus faible que le diamètre du charbon négatif est plus petit, que la distance entre les charbons est plus grande et, enfin, que le diamètre du cratère positif est plus grand. Lorsqu'on fait usage de projecteurs pour recueillir la lumière produite par une lampe à arc voltaïque et la réfléchir dans une direction sensiblement horizontale, comme la surface réfléchissante est alors, elle-même, verticale, il faut chercher à ramener vers l'horizontale la direction du maximum d'intensité lumineuse; on y parvient, d'une part, en provoquant une taille oblique du cratère positif par un déplacement convenable des axes des charbons qui, tout en restant parallèles, ne sont plus dans le prolongement l'un de l'autre; d'autre part, en inclinant les deux charbons de 20 degrés environ (*fig.* 55). La courbe des intensités lumineuses suivant les directions d'un plan vertical prend alors la forme de la figure 56.

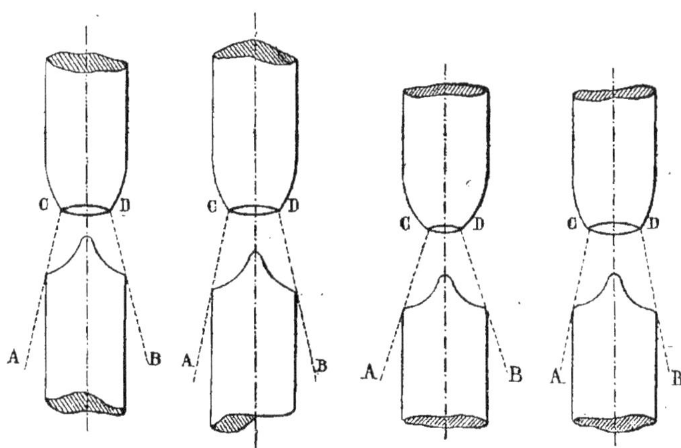

Fig. 53. — Variation du cône d'ombre avec la distance des charbons.

Fig. 54. — Variation du cône d'ombre avec le diamètre du cratère positif.

On voit qu'avec cette disposition des charbons, le cône d'ombre masque le bord inférieur du miroir réfléchissant M. La portion du miroir rendue ainsi inutile varie avec le rapport du diamètre du miroir à la distance F C à laquelle on place l'arc voltaïque F. Pour les miroir à *long foyer,* dans lesquels cette distance F C est grande par rapport au diamètre du miroir, le cône d'ombre peut même tomber entièrement en dehors de la surface réfléchissante. Il n'y a pas alors intérêt à réduire ce cône d'ombre par une diminution du diamètre du charbon négatif, ou par un accroissement de la distance entre les charbons c'est-à-dire un allongement de l'arc. Aussi peut-on et doit-on donner à ce dernier la longueur correspondant au maximum de fixité.

Mais, avec une lampe à arc à charbons inclinés, la mise en place des charbons, avec cet écart des axes l'un par rapport à l'autre, exige une certaine habileté. L'écart latéral doit être suffisant pour dégager le cratère positif sur la partie faisant face au miroir; il ne doit pas être trop grand, si on ne veut pas diminuer considérablement la stabilité de l'arc voltaïque et même rendre impossible la tenue de cet arc. Suivant le diamètre des charbons et l'intensité du courant employé, il devra être de 3 à 5 millimètres. C'est là affaire d'expérience et d'appréciation, à laquelle le premier venu ne peut prétendre sans un apprentissage raisonné. Ajoutons que les deux axes des charbons, malgré ce déplacement latéral de l'un par rapport à l'autre, doivent rester parallèles, afin que l'écartement latéral reste le même pendant toute la durée de la combustion; il faut aussi bien veiller à ce que les deux axes parallèles restent dans un même plan vertical, plan de symétrie du miroir, afin que le cratère se découvre bien en face du miroir et non pas sur le côté: on conçoit dès lors que la lampe à charbons inclinés, d'un emploi tout à fait supérieur entre des mains expérimentées, puisse donner de médiocres résultats avec un opérateur ne possédant pas le tour de main spécial.

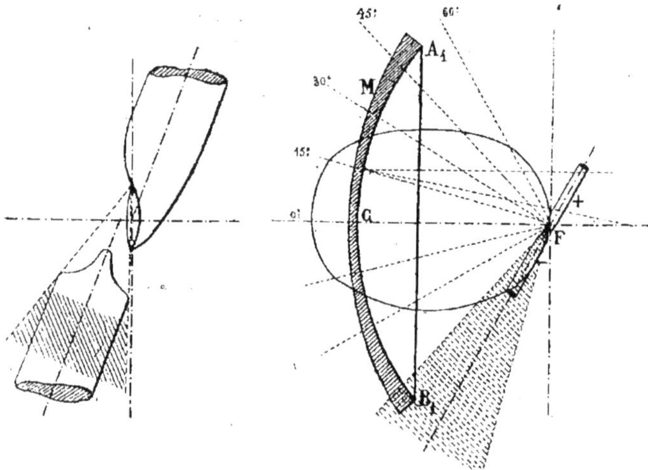

Fig. 55. — Arc avec charbons inclinés, les axes ne coïncidant pas; cratère découvert et cône d'ombre vers le bas.

Fig. 56. — Forme de la courbe des intensités lumineuses pour un arc à charbons inclinés, les axes ne coïncidant pas.

Aussi préfère-t-on souvent la solution des charbons placés horizontalement. Ici les deux charbons ont et conservent leurs axes en coïncidence et il est très facile de les mettre en place d'une manière convenable. Grâce à l'emploi d'un aimant perpendiculaire à l'arc (morceau de fer placé sous l'arc et s'aimantant par le passage du courant), la stabilité de cet arc horizontal peut être rendue suffisante quoique inférieure toujours à celle d'un arc à charbons inclinés légèrement.

Mais le cône d'ombre acquiert une importance considérable. La figure 58 montre un arc, à charbons horizontaux E, placé au foyer d'un réflecteur A_1 B_1. La courbe des intensités lumineuses, pour les différentes directions est semblable à celle de la figure 50, mais elle a été reproduite de part et d'autre de l'axe des charbons; on voit ici que le cône d'ombre occupe toujours la partie centrale G_1 G'_1 du réflecteur et qu'il produit toujours intégralement son effet nuisible, annulant la portion du miroir qu'il découpe.

Aussi faut-il absolument s'efforcer de diminuer l'amplitude de ce cône d'ombre, en réduisant la diamètre du charbon négatif au minimum compatible avec un échauffement et une usure modérés. Il y a aussi avantage à donner à l'arc une longueur aussi grande que possible sans compromettre la stabilité de cet arc; mais précisément la stabilité est ici moindre qu'avec des charbons inclinés et on est vite limité dans cette voie.

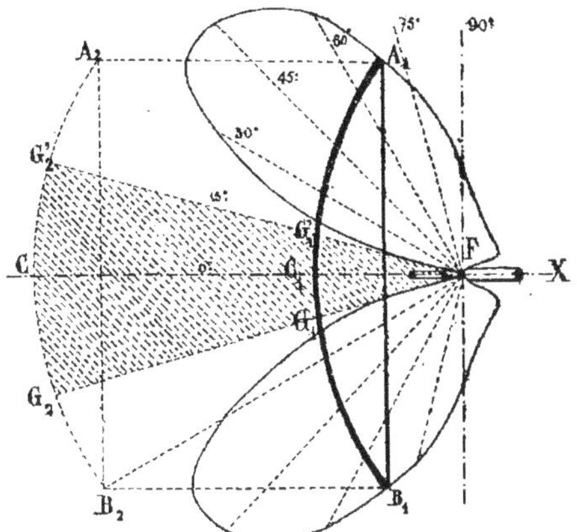

Fig. 57. — Forme de la courbe des intensités lumineuses pour un arc à charbons horizontaux; influence de la distance focale du miroir sur l'effet du cône d'ombre.

Dans tous les cas, et la figure 57 est bien probante à cet égard, les lampes à charbons horizontaux ne doivent pas s'employer avec les réflecteurs à *long foyer*. On voit, en effet, que, si le miroir A_1 B_1 est transporté en A_2 B_2, la portion du miroir perdue est alors G_2 G'_2 correspendant à une surface bien plus grande que G_1 G'_1.

En résumé, on peut dire que la lampe à charbons horizontaux, d'un emploi plus facile pour des opérateurs médiocrement exercés, doit être réservée pour des réflecteurs à *court foyer*. Avec ces derniers, la lampe à charbons inclinés serait seulement équivalente comme lumière produite, parce qu'alors son cône d'ombre produirait tout son effet.

Avec des réflecteurs à long foyer la lampe à charbons inclinés est très supérieure comme lumière produite.

I. — Lampe à main à charbons inclinés.

La description des lampes à main à charbons inclinés est faite dans le *Manuel du Marin torpilleur* et dans le *Cours d'Électricité* (t. III, 2e fascicule).

II. — Lampe mixte à charbons inclinés Sautter et Harlé.

La description et le fonctionnement de cette lampe sont étudiés dans le *Cours d'Electricité* (t. III, 2e fascicule).

III. — Lampe mixte Bréguet à charbons horizontaux.

Description. — Dans la lampe mixte Bréguet, actuellement en service dans la Marine, les charbons sont horizontaux. Le charbon positif est d'un diamètre plus grand que le charbon négatif, son cratère est ainsi suffisamment découvert et il est tourné vers les objets à éclairer. Pour obtenir un arc stable, malgré cette position horizontale des charbons on a placé au-dessous un demi-cercle en fer doux surmontant un cendrier *m* (*fig.* 58).

La lampe est essentiellement composée de deux chariots montés chacun sur quatre galets. Le chariot supérieur A porte le porte-charbon positif *a* et roule sur deux rails *b*. Un petit volant *x* permet de régler l'inclinaison du charbon positif de façon que son cratère soit bien en face de la pointe du charbon négatif.

L'un des rails reçoit le courant par une bande de cuivre reliée à la borne positive P de la lampe.

Sur le chariot inférieur C est fixé le porte-charbon *c*, également monté sur quatre galets roulant sur deux rails *d*. Le courant y arrive par une bande de cuivre reliée à la borne négative N de la lampe. Le passage du courant, entre les chariots et les rails, est assuré par des frotteurs.

Les rails sont montés par deux sur des supports isolants *e* et le tout est fixé sur la plaque supérieure *f*.

Les chariots reçoivent leur mouvement chacun pour un pignon engrenant avec une crémaillère du chariot. Ces deux pignons sont montés sur le même arbre vertical g, mais ils sont soigneusement isolés l'un de l'autre. A l'extrémite de cet arbre est goupillée une roue dentée h.

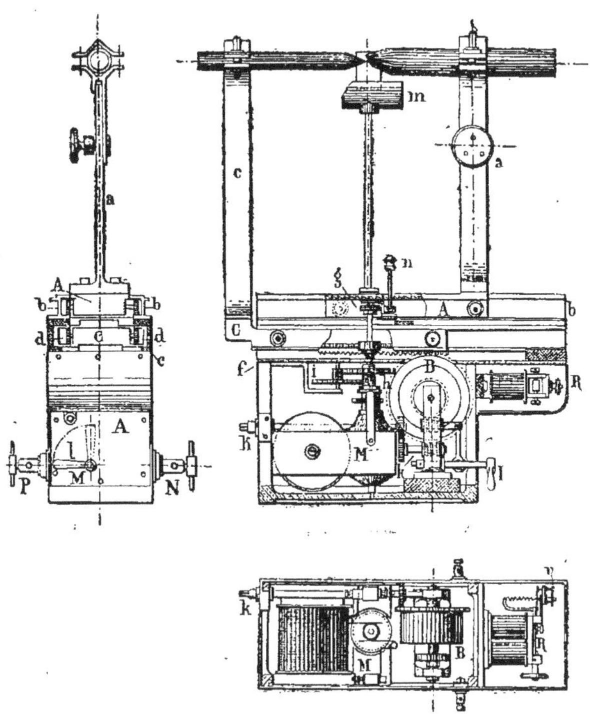

Fig. 58. — Lampe mixte à charbons horizontaux (système *Bréguet*).

Un petit moteur électrique M a son arbre d'induit vertical. Cet arbre pivote dans une crapaudine portée par la plaque de base de la lampe et, d'autre part, pénètre à frottements doux dans l'intérieur de l'arbre g. Lorsque ce moteur reçoit le courant, son induit tourne et, par l'intermédiaire d'un pignon claveté sur son arbre et du train d'engrenages i, transmet son mouvement à la roue dentée h et, par suite, aux chariots A et C. Il résulte de la réduction de vitesse produite par les engrenages que les chariots ne se déplacent que d'une très faible quantité, même pour un mouvement angulaire notable de l'induit du moteur.

Le sens du mouvement du moteur est d'ailleurs toujours tel, lorsqu'il est traversé par un courant, que les charbons se rapprochent.

D'autre part, un barillet B renferme un ressort à spirale qui tend à le faire tourner.

Une couronne dentée, taillée sur l'enveloppe du barillet, engrène avec une crémaillère fixée sur le chariot C. Le mouvement du barillet est donc ainsi transmis aux deux chariots porte-charbons. Le sens de la rotation communiquée au barillet par le ressort est d'ailleurs tel que les charbons s'écartent. Le mouvement du barillet est donc antagoniste de celui du moteur.

On peut régler la tension du ressort à spirale du barillet au moyen d'une roue dentée et d'une vis tangente, de telle sorte que le barillet soit plus fort que le moteur et écarte les charbons, lorsque le courant ne passe pas dans l'induit du moteur et que le moteur l'emporte au contraire et rapproche les charbons, lorsqu'il est actionné par le courant.

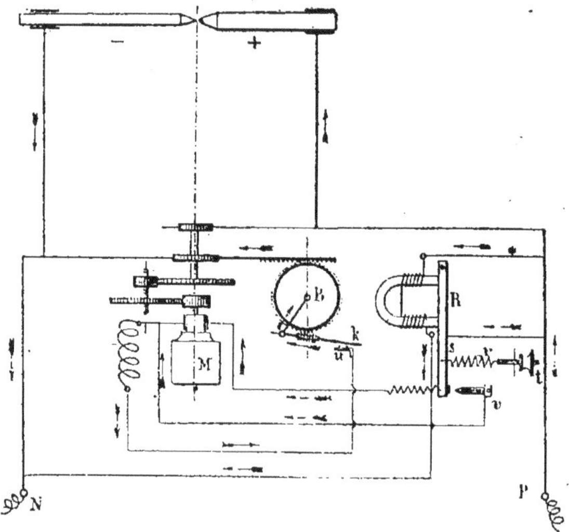

Fig. 59. — Schéma des connexions dans la lampe mixte horizontale *Bréguet*.

C'est le relais R qui est chargé d'envoyer ou de supprimer le courant dans l'induit du moteur.

Ce relais est un électro-aimant enroulé de fil fin, monté en dérivation entre les conducteurs reliés aux bornes P et N et allant aux chariots porte-charbons (*fig.* 59). L'armature *s* de cet électro-aimant est rappelée par un ressort antagoniste *r*, lorsque le courant excitateur de l'électro-aimant n'est pas suffisamment intense. La tension du ressort *r* peut d'ailleurs être réglée, grâce à la vis *t*.

Le moteur électrique M a son inducteur p en série avec l'induit q; mais l'ensemble est alimenté par une dérivation du courant alimentant la lampe. A cet effet, le balai positif du moteur est relié en permanence à l'armature s du relais, qui, elle-même, communique avec la borne positive P de la lampe; la borne négative du moteur est reliée au contact u qui, pour une position convenable de la manette l d'un interrupteur placé extérieurement (*fig.* 58), est en communication avec la masse du barillet B, et, par la crémaillère du chariot inférieur C, avec la borne négative N de la lampe. Enfin, le balai négatif du moteur est relié à une vis v à pointe, avec laquelle l'armature s du relais vient en contact, lorsqu'elle est rappelée par son ressort antagoniste.

Fonctionnement. — Il est maintenant aisé de comprendre le fonctionnement automatique de la lampe, lorsqu'on suppose les bornes P et N réunies à la source électrique. Au repos, lorsque le courant arrivant à la lampe est interrompu, les charbons sont écartés par le barillet.

Supposons qu'on ferme le circuit amenant le courant à la lampe et qu'en même temps on ferme le circuit dérivé du moteur électrique de la lampe en mettant sur la lettre A la manette l de l'interrupteur (*fig.* 58). Comme les charbons sont écartés et l'arc non allumé, la différence du potentiel entre les bornes P et N est maximum, le relais R attire son armature s et le courant passe dans le moteur, induit et inducteur, qui tourne et rapproche les charbons jusqu'au contact.

A ce moment, la différence de potentiel devient minimum; le relais abandonne son armature qui vient buter contre la vis v. Les deux balais du moteur sont alors en communication directe, c'est-à-dire que l'induit est en court-circuit, tandis que le courant continue à passer dans l'inducteur; le moteur s'arrête brusquement.

Le ressort du barillet écarte alors les charbons et allume ainsi l'arc; en même temps, la différence de potentiel prend une valeur d'autant plus grande que l'écart des charbons augmente. Si on a réglé la tension du ressort antagoniste r de l'armature s du relais, de telle sorte qu'il y ait équilibre entre ce relais et l'attraction du relais pour la différence de potentiel normale, l'armature est attirée lorsque, le barillet continuant à écarter les charbons, la différence de potentiel prend une valeur supérieure à cette différence de potentiel normale.

L'induit du moteur rentre alors en circuit et rapproche les charbons de manière que la différence de potentiel devienne normale.

A partir de ce moment, le réglage se continue par ce double jeu du barillet et du moteur provoqué par l'action du relais sur son armature.

Si la différence de potentiel devient plus faible que la valeur normale, l'armature du relais est rappelée par son ressort et met le moteur en court-circuit; le barillet écarte les charbons. Si, au contraire, la différence de potentiel prend une valeur supérieure à la valeur normale, l'armature est attirée par le relais, le court-circuit du moteur est rompu, l'induit tourne et rapproche les charbons. Il faut remarquer que, pendant les mouvements d'écartement, le moteur en court-circuit sert de frein pour modérer l'action du barillet, et que ce dernier, pendant les rapprochements, sert aussi de frein pour le moteur.

Pour la marche à la main, on rompt le circuit du moteur, en portant, sur la lettre M, la manette *l* de l'interrupteur. De plus, cette manœuvre a pour effet d'embrayer, avec la couronne dentée du barillet, une vis sans fin portée par un arbre K (*fig.* 58) que l'on peut manœuvrer à la main en adaptant une clef sur son extrémité carrée sortant à l'extérieur, ou au moyen d'un bouton fixé à demeure.

Enfin un bouton *n* commande un cliquet qui sert à maintenir les charbons à une distance relativement petite en cas d'extinction.

Pour renouveler les charbons, on presse sur ce bouton et les porte-charbons s'écartent rapidement de toute leur course.

Instruction pour le réglage de la lampe mixte horizontale.

(Système Bréguet.)

Barillet. — Le ressort du barillet doit être bandé, de sorte que les chariots s'écartent encore facilement, la lampe étant dans une position inclinée de 45 degrés. Il doit être également d'une force suffisante pour vaincre les frottements des chariots et le freinage du moteur, quand l'induit est en court-circuit, mais il doit être d'une puissance inférieure à celle du petit moteur électrique qui rapproche les porte-charbons.

Il est, en outre, très important pour le bon fonctionnement de la lampe que l'effort exercé par le ressort du barillet soit toujours le même, quelle que soit la position des chariots, puisque le moteur électrique est d'une puissance constante pendant la marche de la lampe. Un ressort en spirale gagne en force quand on le bande jusqu'à la moitié du nombre de tours qu'on pourrait lui faire faire; au-dessus de la moitié, sa force reste à peu près constante.

Il est évident que plus un ressort à spirale est long par rapport à la course du chariot positif, plus il y aura de nombre de tours au barillet, et plus la marche de la lampe sera régulière; ce rapport est ici d'environ 10 : 1.

Toutes ces considérations ont conduit à donner au barillet environ 4 tours et demi ou 150 tours à la vis tangente.

Ce chiffre peut parfois un peu varier suivant la nature et la trempe du ressort.

Relais. — La bonne marche, sans sifflements, ainsi que la meilleure utilisation du cratère sont surtout fonction de la longueur de l'arc.

Nous appelons la meilleure utilisation du cratère la réduction au minimum du cône d'occultation produit par le charbon négatif.

Il y a donc intérêt à régler la lampe, de manière que la différence de potentiel mesurée aux bornes de la lampe *soit assez élevée.* Comme il a été dit, ce réglage est obtenu par un ressort à boudin tenant l'armature de l'électro-aimant R écartée au-dessous d'une certaine différence de potentiel.

Les lampes mixtes sont réglées par une différence de potentiel de 48 volts à froid et qui sera portée à 50 volts par la chaleur rayonnante après quelque temps de marche.

Ce chiffre étant dépassé en marche, l'action du relais devient plus forte que le ressort à boudin, et l'armature se trouve attirée, pour laisser passer le courant dans l'induit du moteur, qui rapproche alors les porte-charbons.

On peut augmenter ou diminuer la différence de potentiel en tournant le bouton moleté du ressort à gauche ou à droite, après avoir desserré la vis de blocage. Mais une marche avec voltage trop faible produit des sifflements, tandis qu'un voltage élevé pourrait occasionner l'extinction.

Si la lampe se trouvait déréglée pour une cause quelconque, il faudrait :

1° S'assurer du voltage existant en mettant un voltmètre en dérivation entre les bornes de la lampe; si la lecture donne un chiffre inférieur aux chiffres indiqués ci-dessus, on tourne un peu le bouton moleté du ressort à boudin de gauche à droite pour tendre le ressort davantage, après avoir préalablement desserré la vis de blocage.

Dans le cas contraire, c'est dans l'autre sens qu'il faut tourner, jusqu'à ce que le voltmètre indique 48 volts à froid et 50 volts à chaud.

2° S'assurer si l'armature ou palette de l'électro-aimant ne s'approche pas trop des noyaux. Il est bon de conserver un écartement de 4 à 5 millimètres environ mesuré entre la bobine côté ressort et la palette.

Dans ce but, il y a une vis avec contre-écrou, au milieu de la palette, qui sert à maintenir l'écartement.

Démontage. — Lorsqu'on se trouve dans la nécessité de démonter les chariots des porte-charbons, il est utile de connaître la marche à suivre :

1° Laisser aller les chariots à fin de course.

2° Caler le barillet B en mettant la poignée *l* sur la lettre M (*main*) pour empêcher le ressort de se débander lorsque la crémaillère a échappé le pignon.

3° Enlever la butée qui est fixée au-dessus du relais.

4° Au moyen d'une clef ou du bouton monté sur l'arbre K, et tourner jusqu'à ce que le chariot A soit libre. Le chariot C sortira également, après avoir démonté le porte-charbon.

Remontage. — 1° Introduire le chariot C jusqu'à ce que son pignon soit sorti de la crémaillère.

2° Remonter le porte-charbon.

3° Introduire le chariot A jusqu'à la distance de 104 millimètres, mesurée de l'axe de la tige du cendrier au porte-charbon côté intérieur et pousser ensuite le porte-charbon C négatif contre A positif.

4° Remettre la butée.

Remarque. — Le démontage ne doit pas se faire, s'il n'y a pas besoin absolu.

Le ressort du barillet ne doit jamais être démonté, excepté dans le cas de réparation ou d'un nettoyage absolument nécessaire.

Alors on monte la clef de serrage des charbons sur le petit carré de la vis tangente qui engrène avec la roue du barillet, et on désarme le barillet en faisant environ 140 à 150 tours avec cette clef, de droite à gauche. Si les deux chariots ne reviennent pas en arrière, après les avoir poussés en avant, le ressort est détendu.

Pour remonter le ressort, on fait 150 tours de gauche à droite avec la clef.

Observation importante. — Lorsqu'on manœuvre à la main, n'agir qu'avec précaution dans le sens de l'*éloignement* des charbons, afin de ne pas forcer sur le cliquet qui empêche cet éloignement au delà d'une distance relativement faible. Appuyer sur le bouton du cliquet si l'on désire ou s'il est nécessaire d'obtenir un écart plus grand des charbons.

IV. — Lampe mixte horizontale, système Sautter et Harlé.

Description. — Dans cette lampe, les charbons sont encore horizontaux, comme dans la précédente, à laquelle d'ailleurs elle ressemble beaucoup en principe.

C'est encore un petit moteur électrique qui est l'organe essentiel du régulateur. Par son action directe, ce moteur opère le rapprochement des charbons, lorsque la différence de potentiel vient à dépasser une limite fixe. Par son action indirecte, il produit, avec l'intermédiaire d'un ressort, le mouvement d'écart et d'allumage. Ce ressort est constamment *détendu* lorsque la lampe ne fonctionne pas automatiquement, à l'inverse du ressort du barillet de la lampe Bréguet qui conserve toujours sa tension. Dans la lampe présente, c'est le moteur en tournant qui bande le ressort et lui permet ainsi de jouer le rôle de force antagoniste.

Un relais magnétique met encore automatiquement, comme dans la lampe précédente, le moteur en action, quand il en est besoin; la forme seule en diffère.

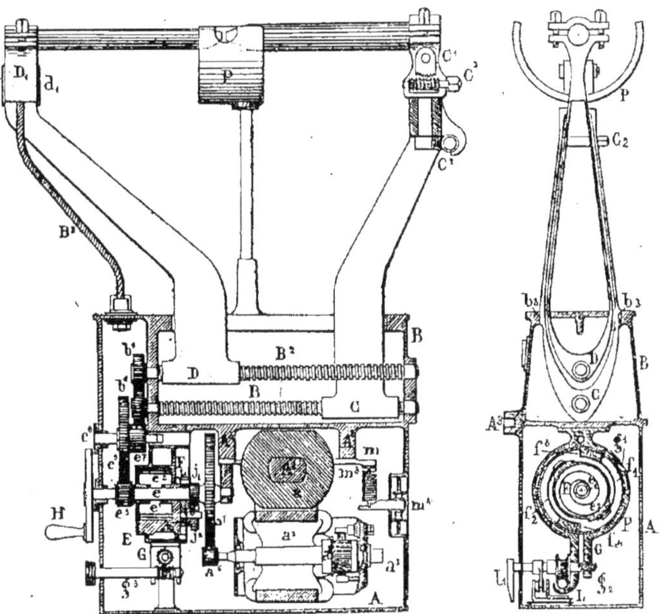

Fig. 60. — Lampe mixte à charbons horizontaux (système *Sautter et Harlé*).

La figure 60 représente deux coupes verticales, longitudinale et transversale de la lampe. Les lettres suivantes désignent :

A, le corps métallique inférieur de la lampe;

B, le corps métallique supérieur;

B^1, une vis sans fin actionnant l'écrou du porte-charbon positif C;

B^2, une vis sans fin actionnant l'écrou du porte-charbon négatif D;

B^3, le câble conduisant le courant au porte-charbon négatif;

b^1b^1, deux pignons calés sur les vis B^1B^2, engrenant l'un sur l'autre; ces deux pignons tournent en sens contraire;

b^3b^4, Deux fentes longitudinales servant à guider les supports des porte-charbons dans leurs mouvements;

C, l'écrou et le support du porte-charbon positif;

C^1, le porte-charbon positif à vis tangentes; il communique avec le support C, et, par suite, avec le corps de la lampe;

C^2, les vis tangentes pour le déplacement horizontal et vertical du porte-charbon C^1; on les manœuvre au moyen de clés;

D, l'écrou et le support du porte-charbon négatif;

D^1, le porte-charbon négatif isolé du support D;

d^1, une lame en matière isolante;

P, un cendrier en fer s'aimantant par le passage du courant dans les charbons et permettant d'obtenir un arc stable;

A^1, la carcasse magnétique du moteur électrique;

A^2A^2, les bossages de fixation du moteur sur la boîte A;

A^3, la gâche du mouvement de mise au foyer de la lampe;

a^1, la bobine inductrice du moteur;

a^2, l'induit du moteur;

a^3, l'axe de rotation de a^2 monté sur billes de roulement;

a^5, le collecteur du moteur;

a^6, un pignon d'engrenage calé sur l'arbre moteur a^3;

a^7, une roue dentée engrenant avec a^6 et calée sur l'axe e;

e, un axe de transmission de mouvement;

E, une boîte mobile renfermant le ressort e^1;

e^1, un ressort enroulé en spirale;

e^2, l'extrémité inférieure du ressort e^1 fixée sur l'axe e;

e^3, un pignon denté calé sur l'axe e;

e^4, extrémité extérieure du ressort e^1 fixée sur la boîte E;

e^5, une roue calée sur l'axe e^6 et engrenant avec le pignon e^3;

e^6, un deuxième axe de transmission de mouvement;

e^7, un pignon calé sur l'axe e^6 et engrenant avec le pignon b^1;

F, une couronne circulaire à l'intérieur de laquelle peut tourner la boîte E;

f^1f^2, deux ressorts fixés par une de leurs extrémités sur la boîte E.

f^3f^4, les extrémités des ressorts f^1f^2 portant deux frotteurs venant s'appuyer contre la couronne F;

G, un collier fendu fixé par sa partie supérieure, et dont les extrémités inférieures peuvent être rapprochées au moyen d'une vis g^2, par l'intermédiaire d'une roue à vis tangente et d'un bouton de manœuvre g^3;

$g^1g^1g^1g^1$, des bossages à l'intérieur du collier G; venant serrer la couronne F, lorsqu'on referme le collier G,

H, le volant du mouvement de commande à la main calé sur l'axe e;

j^1, un pignon faisant corps avec l'axe e;

j^2, une roue dentée qui engrène avec le pignon j^1;

j^3, un axe fixé sur la boîte E;

j^4, une roue à une dent tournant folle sur l'axe j^3, et faisant corps avec la roue dentée j^2;

j^5, une croix de Malte folle sur l'axe e et engrenant avec la roue j^4. Un des creux entre les dents de cette roue de Malte manque et il est remplacé par une partie pleine. A cet endroit, la dent unique de la roux j^4 vient buter sur la croix de Malte;

m^1m^2, appendices polaires fixés sur la carcasse magnétique du moteur;

m^3, armature du relais.

m^4, vis de réglage avec écrou du ressort de rappel de l'armature m^3;

L, interrupteur pour le changement de marche automatique ou à la main;

l^1, index fixé sur l'axe de la vis g^2, et montrant si l'on est disposé pour la marche automatique ou à la main;

Le relais chargé de mettre automatiquement en action le moteur électrique n'est pas ici, comme dans la lampe Bréguet, formé d'un électro-aimant spécial. C'est l'électro-aimant inducteur du moteur qui est utilisé. A cet effet, l'armature m^3 du relais est fixée par une lame élastique à un appendice polaire dépendant de l'un des pôles de l'inducteur (*fig.* 61).

D'autre part, cette armature m^3 est attirée par un autre appendice polaire m^1 dépendant du second pôle de l'inducteur, elle en est empêchée par le ressort r dont on peut modifier la tension au moyen du bouton de réglage m^4. Une dérivation du courant principal alimentant la lampe est prise entre les bornes de cette lampe.

Comme on le voit sur la figure 61, le courant partant de la borne positive de la lampe passe dans l'induit a^2 du moteur, puis dans l'inducteur a^1 en série avec l'induit, le courant retourne alors à la borne négative en passant par l'interrupteur L, lorsque celui-ci est fermé.

D'autre part, les deux balais du moteur sont en communication, l'un avec un contact porté par l'armature m^3 du relais, l'autre avec un contact v placé en face de cette armature et contre lequel cette dernière vient appuyer lorsqu'elle est rappelée par son ressort r. Dans cette position, qui est celle représentée par la figure 61, l'induit du moteur est en court-circuit et n'est traversé que par un courant insignifiant, tandis que l'inducteur continue à être excité; non seulement le moteur ne tend pas à tourner, mais s'il était en mouvement, il s'arrête instantanément. Lorsque l'armature quitte le contact v, le courant passe dans l'induit en toute liberté, en même temps que dans l'inducteur, et le moteur tourne, rapprochant les charbons.

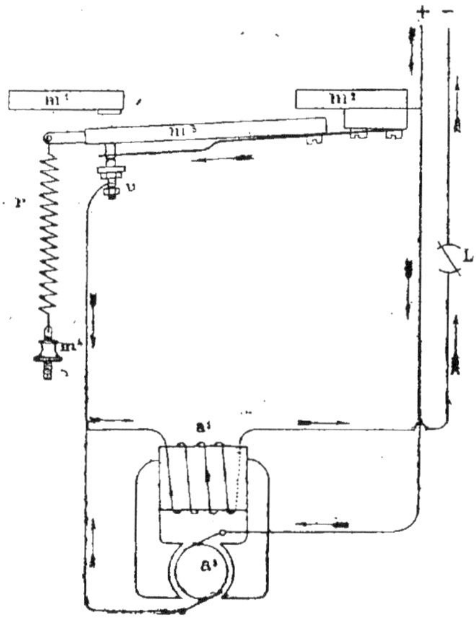

Fig. 61. — Schéma des connexions dans la lampe mixte horizontale *Sautter et Harlé*.

Fonctionnement. — On peut maintenant comprendre aisément le *fonctionnement automatique* de la lampe. On suppose les bornes positive et négative de cette lampe réunies à une source électrique; en même temps, la borne positive est en relation avec le support C du charbon positif et avec ce charbon lui-même, par le corps de la lampe, tandis que la borne négative, isolée du corps de la lampe, est reliée par un conducteur B^3 (*fig. 60*) au porte-charbon négatif isolé D^1. Les charbons sont écartés; le ressort e^1 de la boîte E est débandé.

Le bouton g^3 est tourné de manière à mettre l'index l^1 sur la lettre A (*automatique*); par cette manœuvre, l'interrupteur L est fermé et le collier G serré dans la couronne F, qui est alors immobilisée par les bossages g^1.

Les charbons étant écartés, la différence de potentiel entre les bornes de la lampe est alors maximum (on suppose qu'on a affaire à une dynamo autorégulatrice de la différence de potentiel entre ses propres bornes). Si la tension du ressort antagoniste r de l'armature du relais a été réglée pour faire équilibre à l'attraction de cette armature par l'appendice polaire m^1 (*fig. 61*), lorsque la différence de potentiel est normale pour l'arc, l'armature est attirée par l'appendice polaire, le court-circuit de l'induit du moteur est rompu, et celui-ci se met à tourner, rapprochant les charbons par l'intermédiaire de l'arbre a^3, du pignon a^6, de la roue a^7, de l'axe e, du pignon e^3, de la roue e^5, du pignon e^7, des pignons b^1 et des vis B^1 et B^2.

Pendant ce mouvement, la rotation de l'axe e oblige le ressort e^1, entraîné par son extrémité e^2, à s'enrouler en se bandant. En même temps, le pignon j^1 fait tourner la roue j^2 et la roue à une dent j^4 qui en est solidaire. La dent de cette roue j^4 engrène à chacun de ses tours avec la croix de Malte j^5, et la fait tourner d'une dent jusqu'à ce que la dent de la roue j^4 vienne tomber sur la partie de la croix de Malte où le creux manque et bute alors sur elle. L'axe j^3 est alors lié à l'arbre e à cause de l'impossibilité pour j^4 et j^5 de tourner davantage l'une sur l'autre. L'arbre e entraîne par suite la boîte E, par l'axe j^3, et le ressort cesse de se bander davantage. La boîte E peut d'ailleurs glisser dans la couronne F, en entraînant les ressorts f^1f^2 et les frotteurs f^3f^4. Le ressort est ainsi bandé toujours à la même tension. Le mouvement du moteur et de l'axe e se continue ainsi jusqu'à ce que les charbons arrivent au contact.

Au moment où les charbons se touchent, la différence de potentiel aux bornes de la lampe tombe à une valeur très faible, l'armature m^3 du relais rappelée par son ressort r abandonne l'appendice polaire m^1, et vient toucher le contact v, mettant l'induit du moteur en court-circuit.

Le ressort e^1, qui est bandé, réagit alors et fait tourner l'axe e en sens contraire du mouvement précédent, ce qui écarte les charbons et produit l'allumage de l'arc.

Dès que l'arc est formé et qu'il s'allonge par suite de l'écartement des charbons, la différence de potentiel augmente, et, quand cette différence de potentiel devient un peu supérieure à la différence de potentiel normale, l'armature du relais est de nouveau attirée par l'appendice polaire m^1, et le courant se rétablit dans le moteur; celui-ci se met en marche de nouveau et rapproche les charbons en bandant le ressort e^1. Le voltage baissant de nouveau, le relais supprime encore le courant dans l'induit du moteur et le ressort bandé écarte les charbons. Il en résulte donc une succession continuelle de petits mouvements en sens contraire qui maintient l'arc à sa longueur normale.

En bandant plus ou moins le ressort antagoniste r de l'armature du relais, au moyen du bouton m^4, soit à l'avance, soit pendant la marche, on rend plus ou moins grande la différence de potentiel maintenue par le régulateur entre les charbons et, par conséquent, on augmente plus ou moins la longueur de l'arc que l'on entretient.

Pour la *marche à la main*, on tourne le bouton g^3, de manière à mettre l'index l^1 sur la lettre M (*main*), ce qui a pour effet de rompre le circuit du moteur par l'interrupteur L et de desserrer le collier G. Le ressort e^1 se débande alors entièrement. En manœuvrant alors le volant H (*fig. 60*), on peut rapprocher ou écarter les charbons, la boîte E et la couronne F étant entraînées librement dans le mouvement.

Si l'on a oublié de tourner le bouton g^3 et de desserrer le collier G, on peut encore rapprocher les charbons à la main, sans inconvénient pour la lampe; mais on a alors à vaincre avec la main, soit l'effort du ressort e^1, soit le frottement des frotteurs f^3 et f^4 dans la couronne F, soit l'effort du moteur électrique, en plus des efforts normalement nécessaires.

Remarques. — Lorsque la lampe marche automatiquement et qu'on veut passer à la marche à la main, il faut tourner avec précaution le bouton g^3, au moyen duquel on amène l'index sur la lettre M. Au moment où, en effet, le collier G est desserré, le ressort l^1 se débande et la dent unique de la roue j^4 vient buter sur la partie de la croix de Malte j^5 où le creux manque.

Si le desserrage du collier est fait sans précaution, le ressort se débandant brusquement, la butée se fait avec force et des avaries peuvent en résulter, en particulier le faussement de l'axe de la roue j^4 et quelquefois la brisure de cet axe.

C'est pour desserrer le collier d'une façon progressive que cette opération se fait par l'intermédiaire de la vis sans fin fixée sur l'axe du bouton g^3. Dans les premiers modèles, un levier permettait de desserrer le collier d'un mouvement brusque.

Quelques différences de détail peuvent s'observer dans les modèles destinés aux projecteurs de différentes grandeurs. C'est ainsi que, dans le modèle pour le projecteur de 60 centimètres (c'est celui représenté par les figures), les pignons montés sur les vis entraînant les porte-charbons sont de même diamètre, le mouvement est de même amplitude pour les deux charbons.

Au contraire, dans la lampe pour projecteur de 90 centimètres, les pignons sont de diamètres différents; le pignon fixé à la vis *supérieure* (c'est, pour cette lampe, celle qui commande le mouvement du charbon positif) a un diamètre une fois et demie plus petit que celui fixé à la vis inférieure; le charbon positif avance donc une fois et demie plus vite que le charbon négatif.

Dans la lampe pour projecteur de 90 centimètres, le volant de manœuvre à la main se trouve du côté opposé à celui de la lampe pour projecteur de 60 centimètres, et cela afin de faciliter le passage des câbles qui amènent le courant aux bornes de la lampe.

V. — Lampe mixte horizontale, système Sautter et Harlé, modifiée.

Description. — Un nouveau modèle de lampe mixte horizontale du système Sautter et Harlé a été mis en service dans ces derniers temps. Il diffère du précédent par quelques détails du mécanisme et par l'introduction d'un dispositif de sécurité mettant l'induit de l'électromoteur en court-circuit et arrêtant le fonctionnement de la lampe lorsque, les charbons étant presque complètement usés, les porte-charbons sont à bout de course. On évite ainsi de brûler les douilles porte-charbons, ce qui arrivait autrefois par inadvertance.

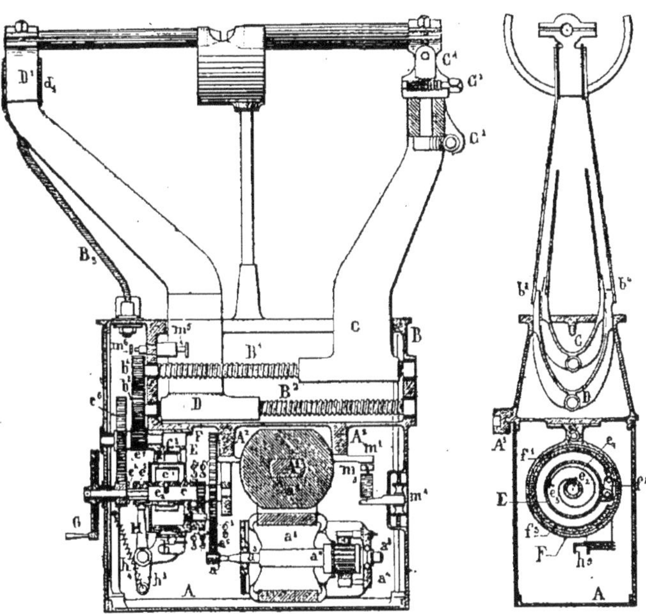

Fig. 62. — Lampe mixte horizontale *Sautter et Harlé*, avec arrêt automatique à bout de course et désembrayage pour la marche à main.

Les figures 62 et 63 représentent les mécanismes de la lampe, la figure 64 est le schéma des communications électriques.

On voit sur la figure 62 que la boîte E qui renferme le ressort porte à l'extrémité d'une petite bielle f^3 un ressort muni d'un frotteur glissant, *dans le sens du mouvement de rapprochement*, dans l'intérieur d'une couronne circulaire F, *fixée à demeure sur le bâti de la lampe.*

Dans la lampe précédente, cette couronne circulaire n'était immobilisée qu'à l'aide d'un frein qu'on serrait ou desserrait à volonté.

D'autre part, la marche à la main s'obtient non plus en desserrant le frein qui immobilisait la couronne F dans la lampe précédente pour la marche automatique, mais en débrayant le mécanisme automatique de l'arc portant la manivelle de la marche à la main.

La figure 63 montre en H la fourche de débrayage commandée par le levier h_2 h_1. La fourche H agit sur le manchon d'embrayage e^5 calé et pouvant se déplacer longitudinalement sur l'axe *e*. Le pignon e^4 est fixé sur l'axe *e* et porte des dents d'embrayage. On a représenté en h^3 l'interrupteur du courant pour la marche à la main, en h^4 un ressort.

Sur la figure 62, on voit encore le bouton m^5 qui poussé par le porte-charbon à bout de course provoque la mise en court-circuit du moteur électrique et arrête le fonctionnement.

La figure 64 montre les communications électriques, qui sont d'ailleurs identiques à celles de la lampe précédente, sauf le dispositif particulier relatif à la mise en court-circuit du moteur à bout de course représenté par le bouton m^5 venant appuyer sur le contact m^6 et dont le fonctionnement s'explique tout seul.

VI. — Lampe mixte inclinée pour projecteur de 1,50 mètre, système Sautter et Harlé.

Description. — Le principe sur lequel est basée cette lampe est le même que celui de la lampe précédente, mais en raison de la position des charbons, la présente lampe conserve toutes les propriétés des lampes à charbons inclinés.

Les figures 65 et 66 représentent deux coupes, verticale et horizontale, de la lampe. La figure 67 est le schéma des communications électriques internes. Les lettres suivantes désignent :

A, le corps métallique inférieur de la lampe;

B, le corps métallique supérieur;

B^1, une vis sans fin actionnant les écrous des porte-charbons C et D;

B^3, le câble conduisant le courant au porte-charbon négatif et à la masse de la lampe;

C, l'écrou et le support du porte-charbon positif;

C^1, volant de commande du porte-charbon positif (mouvement longitudinal);

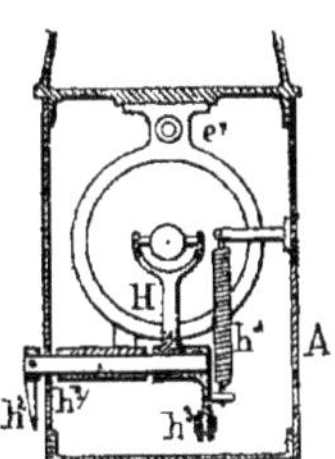

Fig. 63. — Désembrayage pour la marche à main et interrupteur, dans la nouvelle lampe mixte horizontale *Sautter et Harlé.*

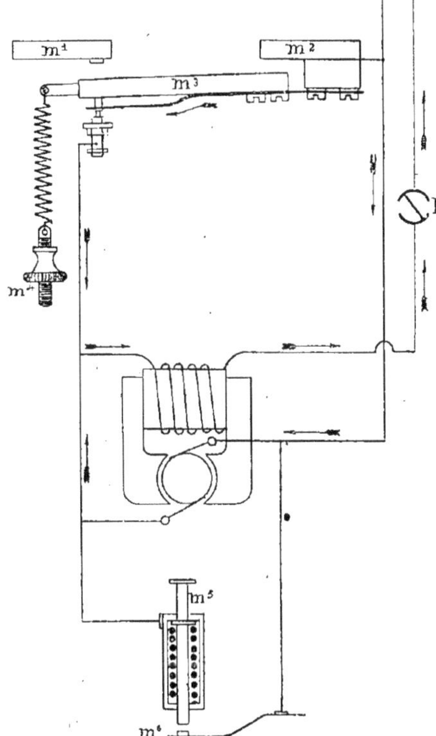

Fig. 64. — Schéma des connexions dans la lampe mixte horizontale *Sautter et Harlé* avec arrêt à bout de course.

C^2, volant de commande du porte-charbon positif (mouvement transversal);

D, l'écrou et le support du porte-charbon négatif;

D^1, le porte-charbon négatif isolé de la masse;

A^1, la carcasse magnétique du moteur électrique;

A^2, bossages de fixation du moteur sur la boîte A;

A^3, la gâche du mouvement de mise au foyer de la lampe;

a^1, la bobine inductrice du moteur;

a^2, l'induit du moteur;

a^3, l'axe de rotation de a^2 monté sur billes;

a^4, les billes de roulement de l'arbre a^3;

a^5, le collecteur du moteur;

a^6, un pignon d'engrenage calé sur l'arbre moteur a^3;

a^7, une roue dentée engrenant avec le pignon a^6 et calée sur l'axe e;

e, un axe de transmission de mouvement;

E, une boîte mobile renfermant le ressort accumulateur e^1;

e^1, un ressort accumulateur enroulé en spirale;

e^2, l'extrémité intérieure du ressort e^1 fixée sur l'axe e;

e^3, un pignon denté calé sur l'axe e;

e^4, l'extrémité extérieure du ressort e^1 fixée sur la boîte E;

F, une couronne circulaire à l'intérieur de laquelle peut tourner librement la boîte E;

$f^1 f^2$, deux ressorts fixés par une de leurs extrémités sur la boîte E;

$f^3 f^4$, les extrémités des ressorts $f^1 f^2$ portant deux frotteurs venant s'appuyer contre la couronne F;

G, un collier fendu fixé par sa partie supérieure et dont les extrémités inférieures peuvent être serrées au moyen d'une vis;

$g^1 g^1 g^1 g^1$, des bossages à l'intérieur du collier G venant s'appuyer et serrer la couronne F, lorsqu'on referme le collier G;

e^5, une roue calée sur l'axe e^6 et engrenant avec le pignon e^3;

e^6, un deuxième axe de transmission de mouvement fixé dans la pièce G;

e^7, un pignon calé sur l'axe e^6;

b^1, un pignon calé sur la vis B et recevant son mouvement du pignon e^7;

H, le volant de mouvement de commande à la main calé sur l'axe e;

j^1, un pignon faisant corps avec l'axe e;

j^2, une roue dentée qui engrène avec le pignon j^1;

j^3, un axe fixé sur la boîte mobile E;

j^4, une roue à une dent tournant folle sur l'axe j^3 et portant la roue dentée j^2;

j^5, une croix de Malte folle sur l'axe *e* et engrenant avec la roue j^4;

$m^1 m^2$, appendices polaires fixés sur la carcasse magnétique A^1 du moteur;

m^3, armature de l'interrupteur automatique;

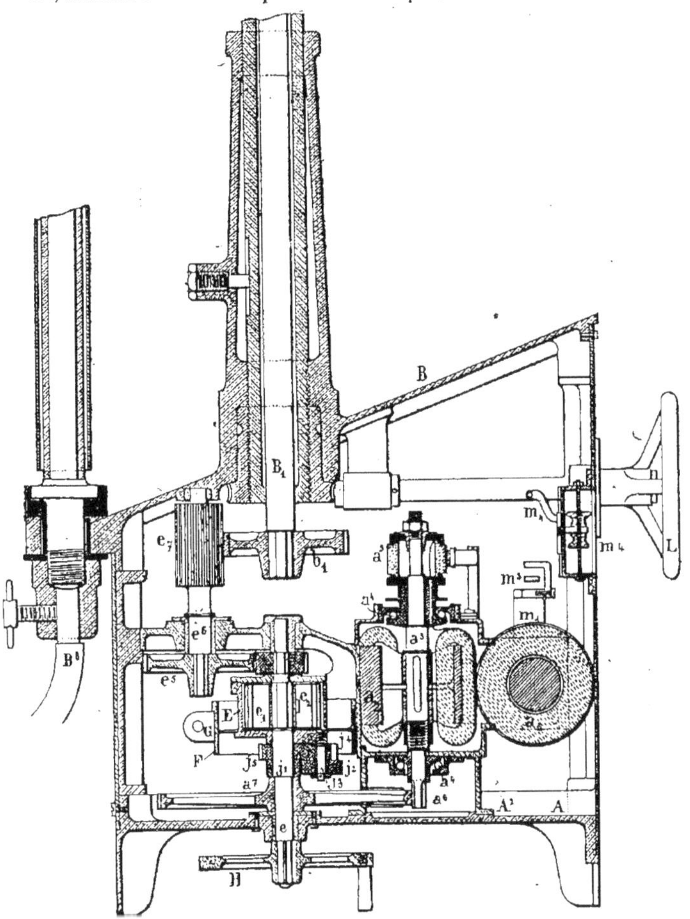

Fig. 65. — Lampe mixte inclinée *Sautter et Harlé*, pour projecteurs de 1,50 mètre; coupe verticale.

m^4, vis de réglage avec écrou de l'armature m^3. Le réglage doit être de 55 volts environ aux bornes de la lampe avec une intensité de 150 à 200 ampères;

L, interrupteur pour le changement de marche automatique ou à la main;

L^1, volant pour le déplacement vertical du foyer;

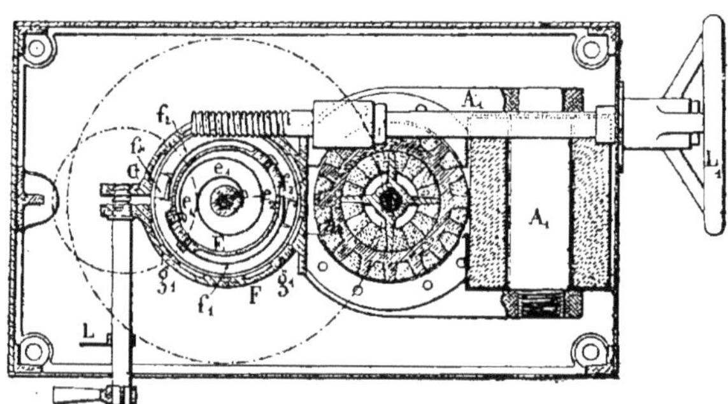

Fig. 66. — Lampe mixte inclinée *Sautter et Harlé*, pour projecteurs de 1,50 mètre, vue en plan.

Fonctionnement. — La lampe mixte inclinée, pouvant marcher soit automatiquement soit à la main, nous en décrirons séparément son fonctionnement dans les deux cas.

Marche automatique. — Supposons les charbons écartés et la lampe au repos, le commutateur L placé dans la position de marche automatique, le collier G serré et la couronne F fixée par la pression des bossages g^1.

L'induit se met en mouvement, et par l'intermédiaire de l'arbre a^3, du pignon et de la roue a^6 et a^7, de l'axe e, du pignon et de la roue e^3 et e^5, de l'axe e^6, et des pignons e^7, b^1, il entraîne la vis B^1 pour rapprocher les porte-charbons C et D.

Pendant ce mouvement, la rotation de l'axe e oblige le ressort e^1, entraîné par son extrémité e^2 à s'enrouler en se bandant. En même temps, le pignon j fait tourner les roues j^2 et j^4, en sorte qu'au bout d'un nombre de tours déterminé la dent de la roue j^4 vient buter contre une partie saillante de la croix de Malte. L'arbre e entraîne alors la boîte E, non plus par l'effet du ressort e', mais par l'intermédiaire des pièces que nous venons de mentionner et de l'arbre j^3. L'effet est transmis par la boîte E, aux ressorts plats f^1 f^2 ainsi qu'à leurs frotteurs f^3 f^4 qui glissent dans la couronne F. Le ressort se trouve ainsi bandé toujours à la même tension. Ce mouvement se continue jusqu'à ce que les charbons viennent au contact.

Au moment où les charbons viennent à se toucher, la différence de potentiel aux bornes de la lampe tombe à zéro, l'armature m^3 de l'interrupteur automatique met en court-circuit l'induit du moteur, dont le couple moteur s'annule (*fig.* 67).

Le ressort accumulateur e^1 réagit alors, par l'énergie qu'il a emmagasinée, et fait tourner l'axe *e* en sens contraire. Le mouvement ainsi communiqué écarte les porte-charbons et produit l'allumage.

L'avantage de ce système est de produire un allumage constant dans toutes les positions et quelle que soit la longueur des charbons, la longueur fixée pour l'arc restant constante.

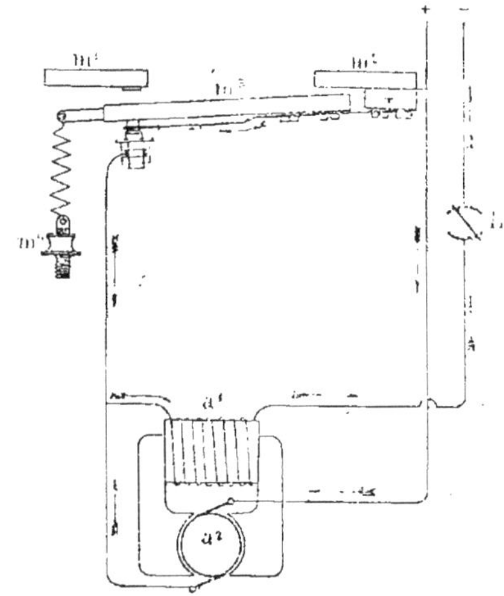

Fig. 67. — Schéma des connexions dans la lampe mixte inclinée *Sautter et Harlé*, pour projecteurs de 1,50 mètre.

Dès que l'arc est formé, la différence de potentiel aux bornes de l'électromoteur augmente et l'interrupteur automatique rétablit le courant dans l'induit.

Le moteur se met en marche et rapproche les charbons en bandant le ressort accumulateur. Le voltage, baissant l'interrupteur automatique, met de nouveau en court-circuit l'induit du moteur et le ressort bandé écarte les charbons. La succession continuelle de ces petits mouvements contribue à donner à l'arc une fixité remarquable.

Le courant principal ne passe qu'à travers les porte-charbons et leurs supports. Quelle que soit l'intensité, on n'a pas à craindre d'échauffement exagéré de la lampe et le même mécanisme peut servir au réglage de la marche pour une intensité quelconque.

Marche à la main. — Les mouvements de rapprochement et d'écartement des charbons à la main sont obtenus très simplement en manœuvrant le volant H calé sur l'axe *e*. En tournant ce volant dans un sens ou dans l'autre, on entraîne le mécanisme entier et, par suite, les porte-charbons eux-mêmes.

Il importe auparavant d'annuler l'effet du ressort accumulateur. A cet effet, on doit tourner le commutateur L, dont l'axe desserre le collier G, en même temps qu'il interrompt le circuit du moteur. La boîte F, devenue libre, tourne avec le volant H et tout le mécanisme. Quand même on aurait oublié de tourner le commutateur L et de desserrer le collier G, on pourrait, sans inconvénient pour la lampe, la manœuvrer à la main au moyen du volant H pour rapprocher les charbons, grâce au dispositif de la croix de Malte et de la roue à une dent. On aura seulement, dans ces conditions, à vaincre avec la main, soit l'effort du ressort accumulateur, soit l'effort du moteur parcouru par le courant en plus des efforts normalement nécessaires.

Dimensions des charbons pour lampes horizontales. — Les dimensions des charbons à adopter pour les lampes horizontales en service dans la Marine ne sont pas encore fixées définitivement. Voici quels sont les diamètres des charbons généralement employés en ce moment suivant le modèle de la lampe.

	DIAMÈTRE du CHARBON POSITIF.	DIAMÈTRE du CHARBON NÉGATIF.
	millimètres.	millimètres.
Lampe pour projecteur de 60 centimètres.	30	16
Lampe pour projecteur de 90 centimètres.	35	19

Pour le projecteur de 1,50 mètre, une lampe horizontale Bréguet a été employée avec des charbons d'un diamètre de 50 millimètres pour le positif et 35 millimètres pour le négatif.

Comme observation générale, nous devons dire que les diamètres des charbons positifs ont paru plutôt trop grands. Le cratère *s'enfouit* trop et la pointe du négatif y pénétrant masque une très grande partie de la lumière produite.

Cet effet est surtout très marqué pour les charbons de 50 millimètres du projecteur de 1,50 mètre.

Bien que le courant employé soit de 150 ampères au moins et que la densité du courant ne paraisse pas exagérée, le cratère n'occupe qu'une partie de l'extrémité et prend la forme d'une cavité de plusieurs centimètres de profondeur où disparaît entièrement l'extrémité du négatif.

Au contraire, les diamètres essayés pour les négatifs paraissent en général trop faibles. Leur usure est très rapide. On ne peut cependant songer à les augmenter, puisqu'on accroîtrait ainsi beaucoup le cône d'ombre, aussi pense-t-on à silicater ces charbons négatifs, afin de diminuer leur usure.

En résumé, et c'est là une particularité remarquable, malheureusement défavorable, il semble que la position horizontale des charbons diminue l'inégalité d'échauffement, si marqué pour les charbons verticaux ou inclinés.

§ 2. — Projecteurs.

Généralités. — Étant donnée une source lumineuse quelconque, elle envoie de la lumière dans toutes les directions, sauf dans celles comprises dans les cônes d'ombre projetés par les supports de cette source ou tout autre écran. Mais, comme l'arc voltaïque, toutes les sources lumineuses éclairent plus ou moins suivant la direction considérée.

On appelle *éclairement* d'un objet la quantité de lumière que cet objet reçoit par unité de surface. L'unité actuellement employée (unité dite internationale) pour exprimer les éclairements est le *lux;* c'est l'éclairement produit par une *bougie décimale*[1] placée à 1 mètre de distance de l'objet à éclairer.

Si on veut établir la correspondance des unités, il faut prendre comme unité de quantité de lumière, la quantité de lumière reçue sur l'unité de surface d'un écran dont l'éclairement est l'unité d'éclairement. L'unité de surface adoptée ici est le mètre carré et on appelle *lumen* l'unité de quantité de la lumière correspondant au *lux*, on dira donc qu'un éclairement de 1 lux correspond à une quantité de lumière de 1 *lumen* par mètre carré. De sorte que la relation numérique entre l'éclairement d'une surface, la quantité de lumière reçue et l'aire de cette surface est :

Quantité de lumière (en lumens) = Éclairement (en lux) × Surface (en mètres carrés).

Elle permettra de déduire l'une quelconque des trois grandeurs connaissant les deux autres.

La quantité de lumière s'appelle aussi : *flux de lumière.* Lorsque la source lumineuse est réduite à un point, le flux de lumière contenu dans un faisceau conique de rayons lumineux émanant de la source se conserve intégralement, abstraction faite des absorptions par les milieux traversés. Si les rayons lumineux n'ont pas été déviés par des réflexions ou des réfractions, une section faite normalement dans le cône lumineux a une surface en raison directe du carré de la distance à la source, le quotient du flux constant par la surface, c'est-à-dire l'éclairement, varie donc en raison inverse du carré de la distance.

L'*intensité* d'une source lumineuse suivant une certaine direction est d'autant plus grande qu'elle produit un éclairement plus grand sur un écran normal à la direction choisie et placé à l'unité de distance.

[1] L'*étalon* de lumière, proposé par M. Violle et adopté comme étalon international, est la lumière envoyée normalement par un centimètre carré de platine porté à la température de solidification. La *bougie décimale* est le vingtième de cet étalon.

On prend, comme unité d'intensité, celle d'une bougie décimale et et on l'appelle *pyr*.

Il résulte des définitions précédentes qu'une source lumineuse qui aurait une intensité de 1.000 pyrs, dans une certaine direction, produirait sur un écran, placé normalement à 1 mètre de distance, un éclairement de 1.000 lux, c'est-à-dire verserait sur cet écran 1.000 lumens par mètre carré.

L'éclairement des objets est la seule chose que l'œil puisse apprécier directement et, quelle que soit la source lumineuse, on se propose d'obtenir, suivant les applications, ou un éclairement de tous les objets environnants le plus uniforme possible ou, au contraire, pour certains objets particuliers n'occupant qu'une faible portion du champ que la lampe peut éclairer, un éclairement aussi grand que possible.

Pour réaliser ce dernier desideratum, il faut recueillir la plus grande partie possible de la lumière divergente que la source envoie en ligne droite dans toutes les directions et la renvoyer, à l'aide de *réfractions* ou de *réflexions*, sur l'unique objet à éclairer. Lorsque l'objet à éclairer est connu et que sa position est fixe, on peut faire *converger* sur lui tout le flux lumineux recueilli par les réfracteurs ou les réflecteurs, de manière que, la surface éclairée étant aussi réduite que possible, l'éclairement acquière sa plus grande valeur. C'est ainsi qu'on procède dans beaucoup d'applications. Les réfracteurs ou réflecteurs employés sont appelés *projecteurs*.

Si l'on a à éclairer un objet situé toujours dans la même direction, mais à des distances variables, il est commode de rendre tous les rayons lumineux parallèles entre eux et à la direction choisie, de manière que, la section du cylindre lumineux étant constante à toutes les distances, l'éclairement de l'objet soit également constant, abstraction faite de l'absorption par l'atmosphère.

Lorsque la direction où se trouve l'objet à éclairer est inconnu, qu'il faut le *chercher* pour l'éclairer, il semble qu'on ait intérêt à conserver pour le faisceau lumineux, au sortir des projecteurs, une certaine divergence, de manière à éclairer un champ qui ne soit pas trop réduit, la *recherche* doit, en apparence, toujours en être facilitée.

Mais il importe de préciser ici pour éviter toute erreur de raisonnement.

1° Lorsqu'on fait usage d'une source lumineuse déterminée, toujours la même, et d'un projecteur recueillant toujours le même flux de lumière, il est certain qu'à la même distance un faisceau divergent conique sortant de ce projecteur éclairera moins qu'un faisceau cylindrique, parce que la surface éclairée (section du cône) où se répartit le flux de lumière est plus grande; de plus, la section du cône croissant à peu près comme le carré de la distance, l'éclairement de l'objet deviendra très faible, pour peu que sa distance soit grande, et il restera invisible. La portée du faisceau divergent est faible, si son champ d'éclairement est grand. En général, les divergences ainsi obtenues au détriment de l'éclairement, loin de faciliter les recherches, les rendent plus difficiles, sinon impossibles.

2° Au contraire, lorsque, faisant usage de la même source lumineuse, on emploie successivement deux projecteurs différents, l'un donnant un faisceau cylindrique, l'autre un faisceau conique divergent, si ce dernier produit, à la même distance, le même éclairement que le premier, il est très supérieur pour les recherches, à cause du champ plus grand qu'il éclaire. Il est bien évident que ce résultat ne peut être obtenu que par des dispositions permettant au projecteur à faisceau conique de recueillir un flux de lumière plus grand, pour le répartir sur une surface éclairée plus grande.

De la même manière, on conçoit que, de deux projecteurs donnant un faisceau divergent, celui-là sera préférable pour les recherches qui, avec la même source lumineuse, donnera le même éclairement, à la même distance, tout en fournissant un faisceau plus divergent.

Les projecteurs employés actuellement dans la Marine sont des *miroirs paraboliques* ou des *miroirs sphériques*, dont on a corrigé l'aberration de sphéricité au moyen d'une réfraction auxiliaire. (*Projecteurs Mangin.*)

I. — Projecteurs paraboliques.

Principes des miroirs paraboliques. — Étant donné un paraboloïde de révolution. autour de l'axe xy (*fig. 68*), de la parabole génératrice

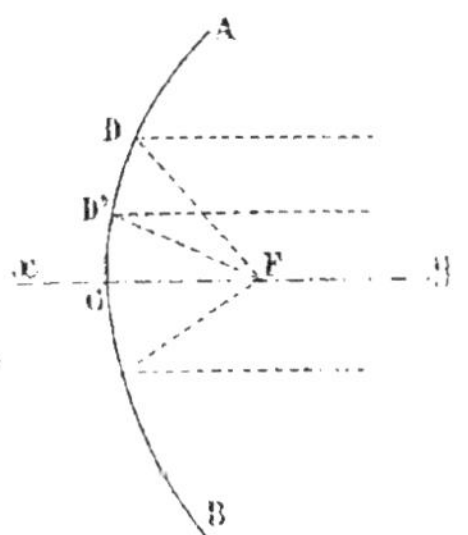

Fig. 68. — Aplanétisme d'un miroir parabolique, pour un foyer lumineux réduit à un point, placé au foyer.

AB, si la surface de ce paraboloïde constitue un miroir, des rayons lumineux, tels que FD, FD', émanant du foyer F de la parabole, se réflé chissent parallèlement à l'axe xy. Un point lumineux placé en F donnera donc après réflexion un faisceau cylindrique parallèle à l'axe.

On dit, en conséquence, que le miroir *parabolique* est *rigoureusement aplanétique*, c'est-à-dire qu'il réfléchit, dans des directions rigoureusement parallèles, tous les rayons lumineux émanant du foyer F. C'est là une vérité géométrique incontestable, mais qui ne reste vraie, comme toutes les autres, que dans les conditions précises de son énoncé.

Divergence d'un miroir parabolique. — Dans l'impossibilité d'utiliser les miroirs paraboliques métalliques, trop facilement oxydables, les miroirs paraboliques employés actuellement dans la Marine sont des paraboloïdes de révolution en verre *mince*, argentés sur leur surface convexe.

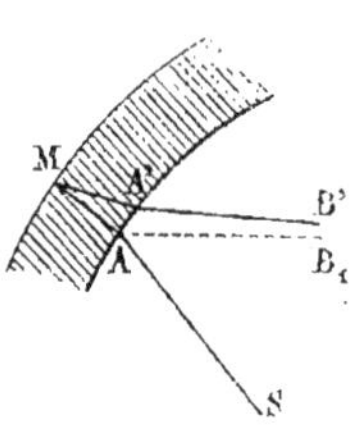

Fig. 69. — Réfractions et réflexions normales dues à l'épaisseur du verre du miroir.

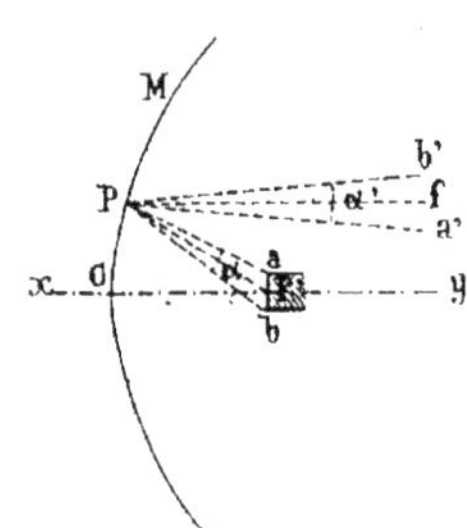

Fig. 70. — Lumière divergente donnée après réflexion sur un miroir parabolique aplanétique par une source lumineuse placée au foyer.

En dehors des imperfections inévitables de la taille industrielle du verre, l'existence des deux surfaces parallèles ne va pas sans altérer l'aplanétisme, théoriquement parfait, du miroir parabolique. Un rayon lumineux, tel que SA, arrivant sur la surface interne doit se réfracter suivant AM pour aller se réfléchir en M (*fig. 69*) sur la vraie surface réfléchissante argentée, suivant MA': le rayon éprouve, à la sortie, une nouvelle réfraction suivant A'B'. De plus une partie, très faible à la vérité, de la lumière se réfléchit directement en A sur la première surface sans pénétrer dans le verre, suivant AB_1. Ces diverses perturbations, dont on réduit l'importance en diminuant l'épaisseur du verre du miroir, empêchent néanmoins qu'on ne puisse compter sur un aplanétisme rigoureux.

A supposer même qu'on dispose d'un miroir rigoureusement aplanétique pour tous les rayons émanant du foyer, comme il est impossible de faire usage d'une source lumineuse rigoureusement réduite à un point, le faisceau réfléchi ne peut être cylindrique *pratiquement*, et cela quel que soit le genre de miroir employé.

Considérons un miroir M (*fig.* 70), supposons qu'une source lumineuse pratique soit placée au foyer F du miroir que nous supposons rigoureusement aplanétique. Si, par exemple, cette source lumineuse est un arc voltaïque, soit que l'on emploie une lampe à charbons horizontaux, soit qu'on fasse usage d'une lampe à charbons inclinés, la source lumineuse peut se ramener à la face *ab* du cratère positif tournée vers la surface réfléchissante.

Le rayon central du cratère FP partant exactement du foyer du miroir se réfléchira en P*f* parallèlement à l'axe *xy*. Mais le point P reçoit des rayons lumineux également de tous les points de *ab* (sauf, bien entendu, le cas où P est dans le cône d'ombre ou de pénombre du charbon négatif). Il reçoit donc un cône lumineux *a*P*b* d'ouverture α, qui se transforme, après réflexion, en un autre cône *a'* P *b'*, dont l'angle est α'. Il en est ainsi pour tous les points du miroir, de telle sorte que le faisceau total réfléchi est formé par la superposition des faisceaux élémentaires d'angle α' (*fig.* 71). Si tous les angles α' étaient égaux, le faisceau résultant sortant du projecteur serait un faisceau divergent limité par les rayons extrêmes *c* et *d* des faisceaux élémentaires faisant entre eux un angle égal à l'angle commun α'. Si les angles α' sont différents, l'angle de divergence du faisceau résultant sera égal à la plus grande valeur de α'. Les faisceaux élémentaires, en effet, après un parcours assez faible, viennent tous empiéter les uns sur les autres et le faisceau de plus grand angle α' comprend tous les autres.

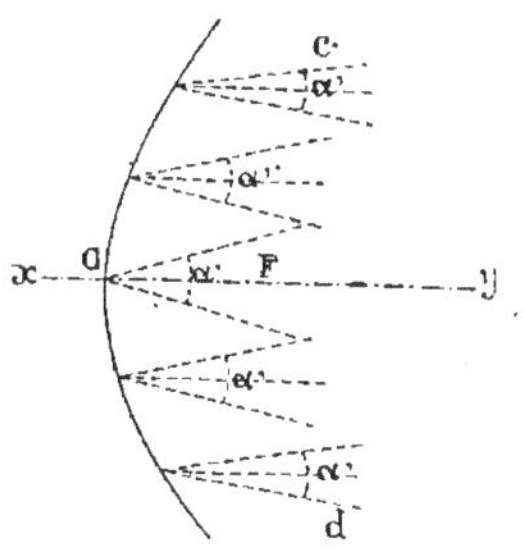

Fig. 71. — Pinceaux élémentaires réfléchis de divergences différentes.

Or, il y a un angle α' parce qu'il y a un angle α (*fig.* 70) et, quel que soit le miroir aplanétique, α' augmente avec α. Mais ce dernier étant l'angle sous lequel le cratère *ab* est vu du point P, son maximum est obtenu par le point P le plus rapproché du foyer; dans le cas d'un projecteur parabolique, c'est le sommet C. Mais, pour le sommet C, l'angle α' étant égal à l'angle α, ainsi qu'il est facile de s'en rendre compte, on peut dire que la divergence du faisceau lumineux réfléchi par un miroir parabolique ayant à son foyer une source lumineuse, qui n'est pas un point, est égale à l'angle sous lequel cette source est vue du sommet du miroir.

On en déduit aussitôt que l'angle de divergence augmente pour une même source, quand on emploie un miroir à plus faible distance focale. Cet angle augmente encore quand, avec un même miroir, on augmente la grandeur linéaire de la source lumineuse, ce qu'on fait, pour un arc voltaïque, en augmentant l'intensité de courant.

Par exemple, un projecteur parabolique ayant 0,25 mètre de distance focale devra donner une divergence de 2°20′ avec un cratère positif de 1 centimètre de diamètre. Avec des distances focales de 0,30 mètre ou de 0,38 mètre, les divergences obtenues avec le même cratère que précédemment seraient respectivement 1°55′ et 1°35′. Avec un cratère de 1,5 centimètre de diamètre, ces deux derniers chiffres monteraient à 2°50′ et 2°22′.

On jugera de l'importance de ces divergences, au point de vue de l'éclairement des objets par le projecteur, si l'on songe qu'un faisceau conique de 2°20′ de divergence a une section de 40 mètres de diamètre à 1 kilomètre de distance. La lumière recueillie par le miroir se répartit donc sur une grande surface, ce qui diminue considérablement l'éclairement des objets.

Cette manière de calculer la divergence des faisceaux réfléchis par les miroirs ne tient pas compte évidemment des imperfections de ceux-ci. Le chiffre trouvé est donc plutôt un minimum; avec les miroirs industriels employés dans la Marine, il est néanmoins assez rapproché de la divergence réelle pour qu'on puisse en faire usage dans les calculs.

Homogénéité du faisceau réfléchi. — On a beaucoup parlé de l'homogénéité plus ou moins grande du faisceau réfléchi par un projecteur et, en général, on a attribué à cette notion beaucoup plus d'importance qu'elle n'en a réellement dans la pratique. Voici le raisonnement ordinairement fait à ce sujet.

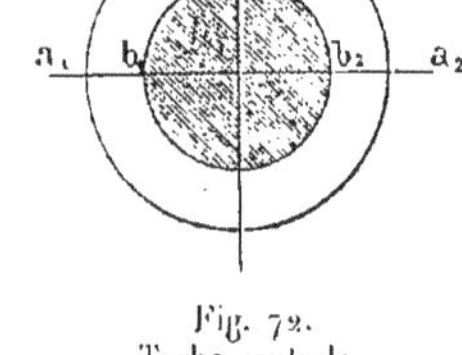

Fig. 72.
Tache centrale.

En reprenant les figures 70 et 71, on voit bien que les angles de divergence α' des faisceaux élémentaires réfléchis étant inégaux, il n'y a superposition complète que pour la partie centrale de ces faisceaux. Si l'on fait, à une distance assez grande, une section dans le faisceau total sortant du projecteur, on devra avoir au centre une tâche lumineuse $b_1\, b_2$, dont les dimensions sont celles de la section du faisceau élémentaire de plus petite divergence et qui reçoit de la lumière de tous les faisceaux élémentaires. Puis, autour de cette tâche, dont l'éclairement est maximum, et jusqu'aux bords de la section $a_1\, a_2$ du faisceau élémentaire de plus grande divergence, on aura un éclairement décroissant (*fig.* 72). Plus la divergence minimum est faible par rapport à la divergence maximum, plus la tâche centrale d'éclairement maximum a un faible diamètre par rapport à la surface totale éclairée. Or, dans un projecteur parabolique, à cause de son profil même, surtout si la distance focale est faible, la distance de la source lumineuse au sommet du miroir est bien plus petite que la distance aux bords et les angles α (*fig.* 70) très différents pour les régions correspondantes; il en est de même pour les angles α'. Par conséquent pour les projecteurs paraboliques à court foyer, la tâche centrale est très réduite par rapport à la surface totale éclairée.

Or, l'expérience montre qu'à *égalité d'éclairement absolu du centre du faisceau*, les objets sont d'autant plus visibles que la dégradation de l'éclairement sur les bords est plus rapide, par l'effet de contraste plus accusé entre l'objet éclairé et l'espace sombre environnant.

Mais ce qui précède n'est qu'un raisonnement et n'en a que la valeur; en pratique, si l'on observe les objets placés à une distance pas trop faible et éclairés par le faisceau émanant d'un projecteur parabolique, même à court foyer, tous les objets paraissent à peu près également éclairés; ceux du centre qui devraient l'être davantage ne produisent pas cette impression. C'est là un fait d'observation qu'il nous a été donné de vérifier à plusieurs reprises, dans des conditions d'expérimentation très sérieuses, et alors que la tâche lumineuse d'intensité maximum aurait dû avoir un diamètre égal au quart de celui du champ total éclairé.

Faut-il croire que l'absorption atmosphérique, agissant plus rapidement sur la partie externe du faisceau lumineux, qui donne par unité de surface un flux de lumière moins grand que la partie centrale, en éteint les rayons à une distance relativement faible, de sorte que les objets ne seraient réellement éclairés que par la partie centrale et une zone extérieure peu large, donnant un éclairement à peu près égal? Ou bien (car il ne faut pas oublier que, dans toutes les applications des projecteurs à la Marine, les objets éclairés et observés sont placés à grande distance de l'observateur) doit-on penser que, tous les objets placés dans le champ du faisceau étant réellement éclairés, seuls les objets de la partie centrale le sont assez pour renvoyer à l'observateur de la lumière *diffuse* et *paraître* éclairés? Enfin l'œil établit-il une moyenne d'éclairement entre les divers objets éclairés et visibles? Sans doute tout cela intervient à la fois et, pour notre part, nous sommes portés à croire que, lorsqu'on observe à une distance un peu grande, le champ visible est assez rapproché de celui correspondant à la divergence minimum, avec uniformité d'éclairement pour tout le champ.

Détermination de l'éclairement du champ à une distance donnée. — Étant donnée l'observation expérimentale qui précède, la notion de l'*éclairement moyen* pour le champ visible s'impose. On peut supposer que tout le champ qui peut être éclairé l'est en effet, qu'il reste visible pour l'observateur et que l'uniformité d'éclairement apparente est due à une moyenne établie par l'œil de ce dernier. L'éclairement moyen s'obtiendra alors en divisant le flux de lumière total sortant du projecteur par la surface du champ correspondant à la divergence maximum. Si, au contraire, on suppose que la partie centrale du champ théorique est seule éclairée à grande distance ou que, étant éclairée, elle seule renvoie de la lumière diffuse à l'œil de l'observateur, il y a lieu de déterminer l'éclairement moyen de cette partie centrale seule en divisant, par sa surface, le flux de lumière qu'elle reçoit.

1° *Éclairement moyen du champ total.* — La première façon d'envisager les choses conduit à une détermination aisée de l'éclairement moyen.

Soit, en effet, par exemple, une lampe à arc à charbons horizontaux, envoyant sa lumière sur le projecteur parabolique dont la parabole génératrice est AB, et dont l'axe est xy (*fig.* 73).

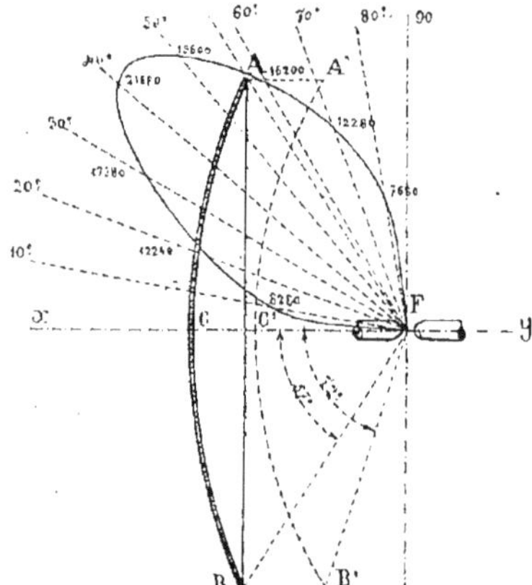

Fig. 73. — Calcul de la quantité de lumière reçue par un miroir parabolique, un arc voltaïque étant placé au foyer.

Le cratère positif est supposé au foyer F de la parabole. On a préalablement déterminé expérimentalement la courbe des intensités lumineuses de la lampe pour les différentes directions d'un plan passant par l'axe des charbons et pour l'intensité du courant qu'on a dessein d'employer lorsque la lampe sera dans le projecteur. Nous avons tracé une pareille courbe sur la figure (courant 75 ampères); les intensités lumineuses y sont exprimées en pyrs pour les diverses directions. Nous n'avons tracé que la partie de la courbe correspondant aux directions au-dessus de xy; pour les directions inférieures, on obtiendrait une courbe symétrique.

Si la figure tourne autour de l'axe xy, la parabole AB engendre le miroir parabolique et les rayons vecteurs de la courbe des intensités y découpent des zones concentriques. Si l'on suppose une sphère ayant F comme centre et comme rayon l'unité de longueur, les rayons vecteurs ci-dessus y découpent également des zones sphériques qui reçoivent le même flux de lumière que les zones correspondantes du paraboloïde. Or, la surface d'une de ces zones sphériques limitée par les rayons vecteurs faisant avec xy des angles δ et δ' est $2\pi(\cos\delta' - \cos\delta)$.

En vertu des définitions que nous avons données, la quantité de lumière, ou le flux reçu par cette zone sphérique, est

$$2\pi(\cos\delta' - \cos\delta)i,$$

i étant l'intensité lumineuse correspondant aux rayons lumineux tombant sur la zone considérée. Si δ et δ' ne sont pas trop différents, on aura une approximation suffisante en prenant pour i l'intensité lumineuse moyenne entre celles correspondant aux directions δ et δ'.

Si les intensités lumineuses sont exprimées en *pyrs*, on aura le flux reçu par la zone en *lumens*.

En faisant ce calcul de proche en proche pour des rayons vecteurs de 5 en 5 degrés et sommant les résultats, on aura le flux total reçu par la portion de sphère correspondant à l'angle d'ouverture de miroir.

C'est ainsi, par exemple, qu'avec un projecteur parabolique de 0,90 mètre de diamètre et de 0,42 mètre de distance focale CF (*fig.* 73), l'angle d'ouverture AFB est d'environ 114 degrés. Dans ces conditions, le flux de lumière reçu sur le miroir est :

$$\Phi = 2\pi \times 8000 \text{ lumens.}$$

Or, si l'on suppose une divergence maximum de 2 degrés, le diamètre D de la section du faisceau émergeant du projecteur sera, à une distance l suffisamment grande (quelques centaines de mètres au moins):

$$D = \frac{\pi l \times 2}{180}.$$

A une distance $l = 1000$ mètres, le diamètre D, ainsi calculé, sera égal à 34,9 mètre. La section S correspondante du faisceau émergeant du projecteur sera :

$$S = \frac{\pi}{4} \times D^2 = \frac{\pi}{4} \times 1218 \text{ mètres carrés.}$$

L'éclairement E moyen du champ à 1000 mètres sera donc :

$$E = \frac{\Phi}{S} = \frac{2\pi \times 8000}{\frac{\pi}{4} \times 1218} = 52,5 \text{ lux}.$$

Nous rappelons qu'un éclairement de *1 lux* équivaut à une quantité de lumière de *1 lumen par mètre carré.*

Il est clair qu'il y a lieu de tenir compte de la déperdition provenant de la réflexion sur la face argentée, de l'absorption par le verre et des réflexions intérieures. On peut admettre que, pour un miroir parabolique en verre mince, la perte totale du flux amenée par ces diverses causes est de 15 à 20 p. 100, il en résulte une réduction correspondante dans l'éclairement du champ, tel que nous l'avons calculé. Puis cet éclairement, déjà réduit de 15 à 20 p. 100, le sera encore plus ou moins à cause de l'absorption atmosphérique. Mais cette dernière cause de déperdition ne dépendant pas du projecteur lui-même ne doit pas entrer en ligne de compte, s'il s'agit de se faire une idée de la valeur d'un projecteur relativement à un autre.

Remarques. — I. La courbe des intensités lumineuses, suivant les diverses directions d'un plan passant par les axes des charbons obtenue avec une lampe à arc ne change pas sensiblement, comme forme, lorsqu'on fait varier notablement l'intensité du courant employée, la longueur des rayons vecteurs varie seule. Cela tient à ce que la variation de l'intensité du courant amène un changement de diamètre du cratère positif, celui-ci étant plus grand avec un courant plus intense. Mais l'intensité lumineuse dans une direction donnée est à peu près proportionnelle à la surface du cratère visible dans cette direction ; toutes les intensités lumineuses doivent donc augmenter proportionnellement au carré du diamètre du cratère. D'autre part, l'angle de divergence maximum est proportionnel au diamètre du cratère et la surface du champ proportionnelle au carré de la divergence, c'est-à-dire au carré du diamètre du cratère. On en conclut que l'éclairement moyen, calculé comme nous venons de le faire, est indépendant de l'intensité du courant employé dans la lampe. Mais, si l'on réfléchit qu'avec un éclairement moyen égal, on obtient un champ éclairé dont la surface croît comme le carré du diamètre du cratère, on comprend que, dans la pratique, on cherche à augmenter autant que possible l'intensité du courant passant dans une lampe placée dans un projecteur donné, sans arriver toutefois à l'intensité du courant reconnue comme dangereuse pour le miroir.

II. Pour nous rendre compte de l'influence de la distance focale sur l'éclairement moyen, considérons un miroir parabolique A'B' (*fig.* 73), de même diamètre que le premier AB, mais la distance focale C'F plus courte, supposons-la égale à 0,31 mètre, l'angle d'ouverture du miroir est alors d'environ 144 degrés.

On obtiendra le flux de lumière reçu par ce nouveau miroir en ajoutant à celui calculé pour le premier AB, la somme des flux partiels reçus par les zones additionnelles de la sphère, entre 57 et 72 degrés, calculés comme nous l'avons indiqué, on trouve ainsi :

$$\Phi' = \Phi + 2\pi \times 3386 \text{ lumens},$$

ou

$$\Phi' = 2\pi \times 8000 + 2\pi \times 3386 = 2\pi \times 11386 \text{ lumens}.$$

Or, l'angle de divergence maximum du faisceau émergeant du projecteur est accru dans la proportion inverse des distances focales. S'il était 2 degrés avec une distance focale de 0,42 mètre, il sera égal à 2 degrés $\times \frac{42}{31}$ avec une distance focale de 0,31 mètre.

Le diamètre du faisceau deviendra, dès lors, à 1000 mètres :

$$D' = D \times \frac{42}{31} = 34,9 \times \frac{42}{31} = 47,2 \text{ mètres}.$$

La nouvelle section du faisceau sera :

$$S' = S \times \left(\frac{42}{31}\right)^2 = \frac{\pi}{4} \times 1218 \times \left(\frac{42}{31}\right)^2 = \frac{\pi}{4} \times 2235 \text{ mètres carrés}.$$

L'éclairement est donc :

$$E' = \frac{\Phi'}{S'} = \frac{2\pi \times 11386}{\frac{\pi}{4} \times 2235} = 40,7 \text{ lux}.$$

Avec cette distance focale réduite, l'éclairement moyen est donc plus faible qu'auparavant, bien que, l'angle d'ouverture ayant été considérablement augmenté, le flux de la lumière reçu par le miroir se soit aussi accru. Cela tient à ce que la surface du champ sur laquelle se répand la lumière a été accrue proportionnellement au carré du rapport inverse des distances focales, tandis que d'abord la surface de la portion de sphère, ayant le foyer comme centre, comprise dans l'angle d'ouverture du miroir n'a pas été augmentée dans cette proportion et que, de plus, comme on le voit sur la figure 73, l'intensité lumineuse est plus faible suivant les directions correspondant à la surface additionnelle.

En poussant plus loin encore la diminution de la distance focale, on arrive à des résultats saisissants. Ainsi, c'est avec une parabole dont la distance focale est 0,225 mètre que, pour un miroir de 0,90 mètre de diamètre, on a un angle d'ouverture de 180 degrés. D'autre part, avec une distance focale de 0,40 mètre, on a environ 120 degrés d'ouverture. Or, la portion de sphère comprise dans l'angle de 180 degrés est juste la moitié de la sphère, tandis que, dans l'angle de 120 degrés, c'est juste le quart. En supposant que l'intensité lumineuse de la lampe fût la même pour toutes les directions, la quantité de lumière reçue par le miroir de 0,225 mètre de foyer serait juste le double de la quantité reçue par le miroir de 0,40 mètre ; mais cette quantité double serait répartie sur un champ plus grand dans la proportion $\left(\frac{40}{22,5}\right)^2$ ou 3,16. L'éclairement serait donc, pour le miroir de 0,225 mètre de foyer, $\frac{2}{3,16}$ seulement de celui obtenu avec le miroir de 0,40 mètre de foyer. Or, il faut remarquer que, pour les directions comprises entre 70 et 90 degrés de l'axe, l'intensité lumineuse de la lampe est très réduite. *A fortiori* le miroir à faible distance focale donnerait-il un éclairement moyen encore plus réduit.

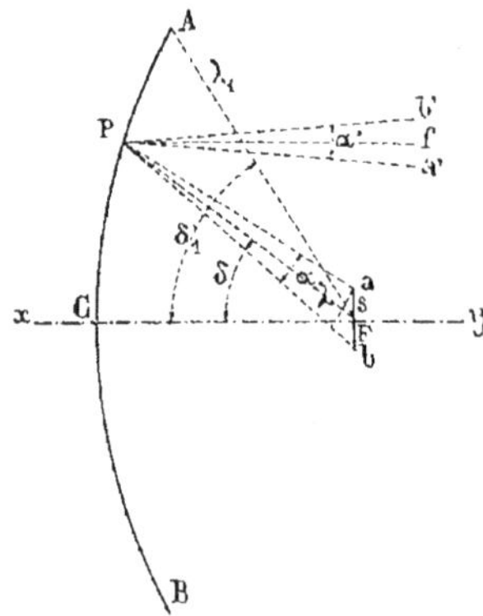

Fig. 74. — Calcul de la quantité de lumière faisant partie du cône central.

2° *Éclairement moyen de la partie centrale du faisceau.* — On peut calculer l'éclairement moyen de la partie centrale du faisceau de la manière suivante :

Considérons un miroir parabolique AB et le cratère *ab* d'un arc voltaïque placé au foyer F (*fig.* 74).

Tout d'abord nous ferons remarquer que l'angle de divergence α' du faisceau élémentaire réfléchi par un point P du miroir est approximativement égal à l'angle α sous lequel on voit *ab* du point F, puisqu'il ne s'agit ici que de réflexions, abstraction faite des faibles erreurs provenant des réfractions à l'entrée et à la sortie du verre mince.

Or, l'angle α a pour expression :

$$\alpha = \frac{d \cos \delta}{\lambda}.$$

En désignant par d le diamètre ab du cratère, par λ la distance FP et par δ l'angle PFC. L'angle de divergence minimum α_1 a donc pour valeur :

$$\alpha_1 = \frac{d \cos \delta_1}{\lambda_1}$$

en désignant par δ_1 l'angle AFC et par λ_1 la distance AF.

L'angle de divergence maximum A correspondant au faisceau élémentaire du sommet C aura pour expression :

$$A = \frac{d}{f},$$

f étant la distance focale CF.

Ceci posé, nous obtiendrons l'éclairement moyen donné par la partie centrale du faisceau émanant du projecteur, sur un écran placé à une certaine distance, en divisant, par la surface de cet écran correspondant à cette partie centrale, le flux de lumière que le miroir y renvoie. Calculons d'abord ce dernier. Connaissant, comme il a été dit plus haut, l'intensité lumineuse i donnée par une lampe à arc dont le cratère ab est en F, suivant les diverses directions d'un plan passant par l'axe de révolution xy, nous avons vu que la quantité de lumière reçue sur une zone du miroir limitée par les rayons vecteurs issus du foyer et faisant avec xy les angles respectifs δ et δ' est :

$$2\pi(\cos\delta - \cos\delta')\,i,$$

i étant l'intensité moyenne entre les directions δ et δ'.

Mais, si toute cette lumière, abstraction faite des pertes par réflexion et absorption, est renvoyée par le miroir, une partie seulement va

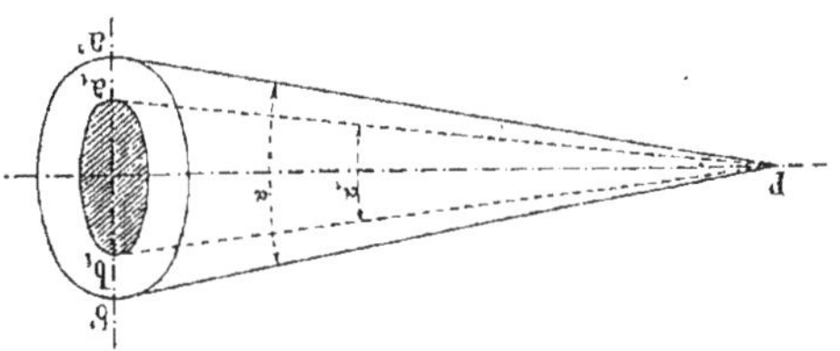

Fig. 75. — Répartition de la lumière réfléchie par le miroir, suivant la divergence des pinceaux élémentaires.

éclairer la zone centrale d'un écran normal placé à une certaine distance, cette zone centrale plus éclairée étant constituée par la superposition des faisceaux élémentaires réfléchis. Or, les faisceaux élémenlaires ayant des divergences différentes, leur superposition ne se produit pour tous que dans un angle égal à la divergence minimum et c'est seulement la quantité de lumière comprise dans cet angle qui, pour chaque faisceau élémentaire, concourt à l'éclairement de la zone centrale.

Ainsi étant donné du faisceau élémentaire réfléchi $a'Pb'$ dont l'angle de divergence est α, la portion a_1Pb_1 seule, d'angle α_1, sert à éclairer la zone centrale (*fig.* 75). Or, les quantités de lumière correspondant à ces angles sont entre elles comme le carré des angles. Le flux de lumière φ_1 qui, dans un faisceau élémentaire, concourt à l'éclairement de la zone centrale est donc, en désignant par φ le flux total du faisceau élémentaire,

$$\varphi_1 = \varphi \times \frac{\alpha_1^2}{\alpha^2};$$

ou, en remplaçant α et α_1 par leurs valeurs précédemment indiquées,

$$\varphi_1 = \varphi \times \frac{\left(\frac{d \cos \delta_1}{\lambda_1}\right)^2}{\left(\frac{d \cos \delta}{\lambda}\right)^2} = \varphi \times \frac{(\cos \delta_1)^2}{(\cos \delta)^2} \times \frac{\lambda^2}{\lambda_1^2}.$$

Dans une zone de miroir comprise entre les rayons vecteurs δ' et δ, on peut approximativement considérer tous les faisceaux élémentaires comme ayant même divergence moyenne, l'approximation étant d'autant plus grande que δ et δ' seront plus voisins; on aura donc, pour le flux de lumière que chaque zone envoie sur la zone centrale,

$$\varphi_1 = 2\pi(\cos \delta - \cos \delta') \times \frac{\cos^2 \delta_1}{\cos^2 \frac{\delta + \delta'}{2}} \times \frac{\left(\frac{\lambda + \lambda'}{2}\right)^2}{\lambda_1^2} \times i.$$

Le flux Φ_1 renvoyé sur la zone centrale par le miroir entier sera :

$$\Phi_1 = \Sigma\, 2\pi(\cos \delta - \cos \delta')\, i \times \frac{\cos^2 \delta_1}{\cos^2 \frac{\delta + \delta'}{2}} \times \frac{\left(\frac{\lambda + \lambda'}{2}\right)^2}{\lambda_1^2}.$$

qu'on peut écrire :

$$\Phi_1 = \frac{2\pi \cos^2 \delta_1}{\lambda_1^2} \times \left[\Sigma(\cos \delta - \cos \delta') \times \frac{\left(\frac{\lambda + \lambda'}{2}\right)^2}{\cos^2 \frac{\delta + \delta'}{2}}\, i \right].$$

D'autre part, les surfaces S_1 de la tâche centrale et S du champ total éclairé par le faisceau émanant du miroir sont entre elles comme les carrés des divergences minimum et maximum. Or, on a :

$$\frac{\alpha_1}{A} = \frac{\frac{d \cos \delta_1}{\lambda_1}}{\frac{d}{f}} = \frac{\cos \delta_1 . f}{\lambda_1};$$

on en déduit :

$$\frac{S_1}{S} = \frac{\alpha_1^2}{A^2} = \frac{\cos^2 \delta_1 . f^2}{\lambda_1^2},$$

et

$$S_1 = S \times \frac{\cos^2 \delta_1 . f^2}{\lambda_1^2}.$$

En appliquant cette détermination au projecteur parabolique de de 0,90 mètre de diamètre et 0,42 mètre de distance focale, pour lequel nous avons déjà calculé l'éclairement moyen du champ total, nous trouvons pour une distance de 1000 mètres :

$$\Phi_1 = 2\pi \times 3596 \text{ lumens},$$

$$S_1 = \frac{\pi}{4} 1218 \times 0,1778 = \frac{\pi}{4} \times 216 \text{ mètres carrés},$$

$$E_1 = \frac{8 \times 3596}{216} = 133 \text{ lux}.$$

En opérant de même pour le projecteur parabolique de 0,90 mètre de diamètre et 0,31 mètre de distance focale, on a pareillement, à une distance de 1000 mètres du projecteur,

$$\Phi'_1 = 2\pi \times 2373 \text{ lumens},$$

$$S'_1 = \frac{\pi}{4} \times 91 \text{ mètres carrés},$$

$$E'_1 = 208 \text{ lux}.$$

Pour faciliter la comparaison des résultats que nous avons obtenus, nous les avons rassemblés dans le tableau suivant, en y joignant les résultats obtenus avec le projecteur de 0,62 de foyer. Bien entendu, les chiffres donnés ne sont pas absolus.

Tout d'abord ils sont relatifs à l'emploi d'une lampe horizontale alimentée par un courant de 75 ampères environ et présentant un cratère ayant approximativement 1,5 centimètre de diamètre, ce qui donne une divergence maximum de 2 degrés environ pour le projecteur de 0,42 mètre de distance focale. Ensuite nous devons diminuer les éclairements de 15 à 20 p. 100 pour tenir compte des absorptions par le miroir.

Enfin il y aurait lieu de tenir compte de l'absorption atmosphérique.

ÉCLAIREMENT MOYEN DU CHAMP ET ÉCLAIREMENT DE LA ZONE CENTRALE PAR UN PROJECTEUR PARABOLIQUE DE 0,90 MÈTRE DE DIAMÈTRE À 1000 MÈTRES DE DISTANCE.

DISTANCE FOCALE.	DIVERGENCE MAXIMUM.	CHAMP TOTAL.		ZONE CENTRALE.		ÉCLAIREMENT MOYEN du champ total.	ÉCLAIREMENT de la ZONE centrale.
		DIAMÈTRE.	SURFACE.	DIAMÈTRE.	SURFACE.		
mètres.	degrés.	mètres.	mètres².	mètres.	mètres².	lux.	lux.
0,62......	1,35	23,6	439,2	16,0	201,1	51,8	57
0,42......	2,0	34,9	956,7	14,7	169,7	52,5	133
0,31......	2,7	47,2	1755,5	9,49	71,5	40,7	208

Tout d'abord, nous devons faire observer que, pour une distance quelconque, le tableau précédent peut servir, à la condition de *majorer* les diamètres des zones éclairées proportionnellement aux distances et leurs surfaces proportionnellement au carré des distances; les éclairements doivent, par suite, être *réduits* proportionnellement au carré des distances.

Remarques. — Nous pouvons maintenant étudier l'influence de la distance focale sur l'éclairement d'un écran donné par un projecteur d'un diamètre déterminé.

Ainsi, nous voyons aisément que cette distance focale a une influence très sensible, tant sur l'éclairement, de quelque façon qu'on l'envisage, que sur l'étendue du champ éclairé.

Ensuite, il est immédiatement évident que le projecteur de 0,42 mètre de distance focale est supérieur à celui de 0,62 mètre, puisque le champ total éclairé a une étendue beaucoup plus grande et que l'éclairement moyen est sensiblement supérieur. En outre la zone centrale est bien plus fortement éclairée, ce qui assurera au projecteur de 0,42 mètre une supériorité évidente pour les grandes portées et les temps brumeux. D'ailleurs les zones centrales pour les deux projecteurs ont des dimensions tout à fait comparables.

Entre ces deux projecteurs il n'y a donc pas d'hésitation possible : c'est celui de plus courte distance focale qui est préférable.

Mais, d'autre part, si on compare les projecteurs de 0,42 mètre et de 0,31 mètre de distance focale, la conclusion ne peut plus être aussi ferme. Certainement le projecteur de 0,42 mètre de distance focale donne un éclairement moyen du champ total très notablement supérieur, mais le champ éclairé a une étendue bien moindre; par contre le projecteur de 0,42 mètre a une zone centrale bien moins éclairée avec une étendue plus grande. Si l'on veut se rappeler que, pour un objet éclairé à faible distance de l'observateur, l'absorption par l'atmosphère est faible, tant pour la lumière éclairant l'objet que pour celle qui est renvoyée par l'objet à l'observateur, que cette absorption est faible aussi par un temps clair, et forte par un temps brumeux, on peut dire que le projecteur de 0,42 mètre de distance focale est supérieur à celui de 0,31 mètre pour des distances faibles et par un temps clair alors que tout le champ éclairé est visible; les détails doivent se voir avec le premier de ces projecteurs mieux qu'avec l'autre. Mais à de grandes distances ou par un temps brumeux le projecteur de 0,31 mètre de distance focale peut l'emporter, parce que les forts éclairements, même localisés, peuvent seuls être visibles pour l'observateur.

En résumé, on voit donc qu'il y a avantage à diminuer la distance focale jusqu'à une certaine limite, tant au point de vue de l'éclairement des objets que de l'étendue du champ éclairé. La limite dont il est question pourrait être déterminée par des calculs d'éclairement conduits comme ceux que nous venons de faire.

Mais il ne convient pas, dans tous les cas, de diminuer encore la distance focale au delà de cette limite, parce qu'alors, si on augmente toujours l'étendue du champ, on diminue certainement l'éclairement moyen et, par suite, la visibilité des détails des objets par temps clair et pour des distances moyennes. En outre il y a lieu de tenir compte des avaries du miroir causées par le très grand rapprochement de la lampe.

II. — Projecteurs Mangin.

Principe du projecteur Mangin. — Considérons un miroir sphérique AB dont le centre optique est en O (*fig.* 76): si nous plaçons au point F, milieu de OC, un point lumineux, les rayons lumineux émanant de ce point se réfléchiront sur le miroir et seront renvoyés *à peu près* parallèlement à l'axe xy. Un miroir sphérique est ainsi *à peu près* aplanétique pour un point lumineux situé en F. Mais cet aplanétisme approximatif n'est satisfaisant que pour des miroirs de peu d'ouverture. Lorsque celle-ci est grande, on peut voir aisément que les rayons tombant sur les zones marginales sont loin d'être réfléchis parallèlement à l'axe; la figure 76 montre que les rayons réfléchis Pf sont d'autant plus inclinés sur l'axe que les rayons incidents correspondants FP rencontrent le miroir en des points P plus éloignés du sommet C. Tous les rayons réfléchis convergent donc vers l'axe. On conçoit dès lors que, si on place sur leur trajet une lentille *divergente*, on puisse les redresser et les rendre parallèles à l'axe xy, à la condition toutefois que ce redressement soit d'autant plus accentué que l'on a affaire à des rayons incidents tombant en des points P plus éloignés du sommet C.

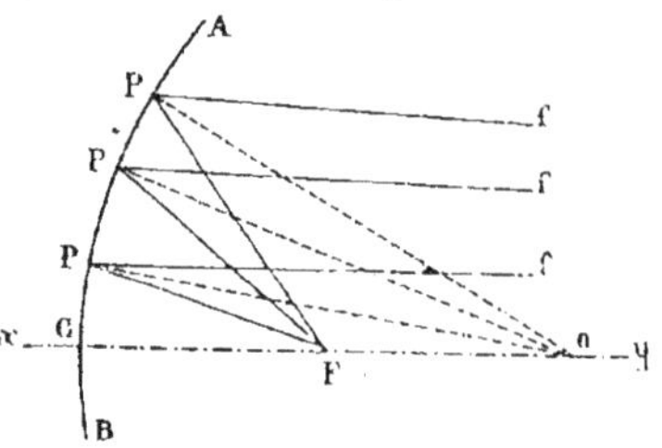

Fig. 76. — Défaut d'aplanétisme d'un miroir sphérique pour les rayons émanant d'un point lumineux placé au foyer.

Le colonel Mangin a résolu le problème en employant une lentille divergente en cristal ou verre, limitée par deux surfaces sphériques de rayons différents, l'une concave A'B', l'autre convexe AB et en argentant cette dernière qui sert de miroir.

La figure 77 montre comment les rayons lumineux émanant d'un point F pénètrent dans le cristal en s'y réfractant, se réfléchissent sur le miroir argenté AB, se réfractent de nouveau à la sortie de la lentille en s'écartant de l'axe. Ces réfractions ont un effet qui augmente avec l'angle que fait le rayon incident avec l'axe xy. Faible pour les rayons centraux, il est assez important pour les rayons marginaux. On conçoit donc que l'on puisse, par le calcul, déterminer à l'avance quels doivent être les rayons des surfaces sphériques AB et A'B' pour que cet ensemble d'un miroir AB et d'une lentille divergente ABA'B' soit rigoureusement aplanétique pour tous les rayons émanant d'un point F pris comme foyer lumineux. La qualité du verre ou cristal employé intervient par son indice de réfraction. En le faisant varier, en même temps que les rayons de courbure, on peut construire des réflecteurs Mangin aplanétiques en prenant comme foyers des points très divers de l'axe. Alors que le colonel Mangin, pour tous les projec-

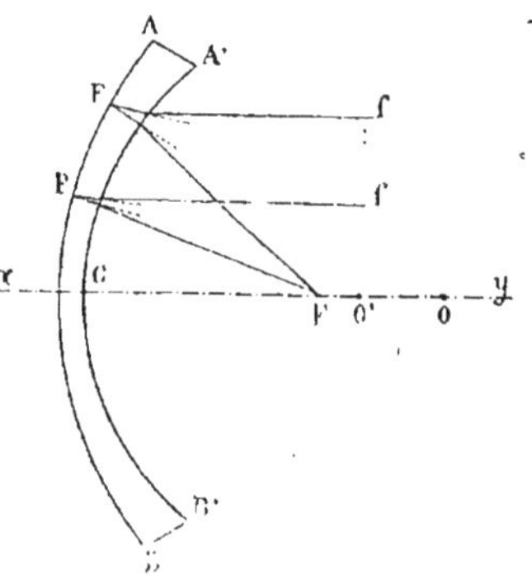

Fig. 77. — Aplanétisme d'un miroir sphérique obtenu par l'action corrective d'une lentille divergente.

teurs de son système, avait uniformément adopté comme foyer le centre de la sphère interne, MM. Sautter, Harlé et Cie construisent aujourd'hui des projecteurs aplanétiques Mangin ayant des distances focales très variables pour un même diamètre d'ouverture, et cette élasticité dans la distance focale est précieuse, puisqu'elle permet de faire varier l'angle d'ouverture du projecteur vu du foyer presque aussi aisément qu'avec le paraboloïde.

On peut juger de cette élasticité par le tableau suivant des distances focales successives données dans ces dernières années aux projecteurs Mangin de divers diamètres par MM. Sautter, Harlé et Cie.

DIAMÈTRE DU PROJECTEUR.	DISTANCE FOCALE.
mètres.	mètres.
0,30	0,16
0,40	0,24 (ancien)
"	0,18 ancien)
0,60	0,332 (ancien)
"	0,318 (nouveau)
0,75	0,373 et 0,350
0,90	1,0 et 0,76 (ancien)
"	0,62 et 0,54 (nouveau)
"	0,48 (type spécial de la guerre)
"	0,453 (type tout récent)
1,50	1,0 (ancien)
"	0,756 (nouveau)

Il y a lieu de remarquer une tendance générale vers la réduction de la distance focale. Pour tous les diamètres on s'est arrêté à une distance focale égale à la moitié du diamètre d'ouverture, alors que les premiers types du colonel Mangin avaient une distance focale égale à ce diamètre. L'angle d'ouverture du miroir vu du foyer est passé ainsi d'environ 60 degrés à 120 degrés.

L'aplanétisme de ces divers projecteurs peut être réalisé avec une grande précision. Pour l'étudier, on fait arriver sur le miroir un faisceau de rayons parallèles à l'axe et on masque les diverses zones concentriques du miroir, sauf l'une d'elles qui donne une image lumineuse en un point de l'axe qui est le foyer de cette zone. En opérant ainsi on a trouvé pour un projecteur de 0,60 mètre de diamètre et d'une distance focale voulue de 0,318 mètre, les diverses zones concentriques étant caractérisées par leurs diamètres :

NUMÉROS DES ZONES.	DIAMÈTRES LIMITES.	DISTANCES FOCALES.
	millimètres.	millimètres.
1	80 à 120	318,2
2	200 à 240	318,3
3	300 à 340	318,3
4	400 à 440	317,8
5	480 à 520	317,8
6	540 à 560	318,0

Il en résulte une erreur d'aplanétisme de 0,3 millimètres sur 318. C'est là un résultat de construction industrielle bien remarquable.

Divergence d'un projecteur Mangin. — Mais, même avec l'aplanétisme presque parfait réalisé dans un projecteur Mangin pour un point lumineux, le faisceau sortant du projecteur donne une certaine divergence lorsque la source lumineuse n'est plus un point et présente une certaine surface. Tout ce que nous avons dit à ce sujet à propos des projecteurs paraboliques reste vrai pour les projecteurs Mangin.

C'est ainsi que, en supposant que la source lumineuse soit un cratère circulaire d'arc voltaïque normal à l'axe du miroir, l'angle de divergence α du faisceau est encore

$$\alpha = \frac{d}{f}$$

f étant la distance focale, d le diamètre du cratère. Avec la même distance focale, la divergence est la même pour les projecteurs Mangin et les projecteurs paraboliques. Pour les projecteurs Mangin les plus employés et avec les intensités de courant correspondantes employées, la divergence est ordinairement égale à 1° 40′. Cette divergence est plus grande pour les nouveaux types à distance focale réduite.

Homogénéité du faisceau réfléchi. — Ici encore nous pouvons répéter ce que nous avons dit à propos des miroirs paraboliques. Les faisceaux élémentaires renvoyés par les divers points du projecteur n'ont pas la même divergence ; cette divergence est plus grande pour les points de la zone centrale que pour les points de la zone marginale. Toutefois, en raison de la courbure plus prononcée des miroirs Mangin, la différence dans les divergences est moins accusée que dans les miroirs paraboliques, à égalité de distance focale, et la zone centrale du faisceau, plus éclairée que le reste du champ, a une étendue relativement plus grande. Lorsque la distance focale est assez grande, comme dans les types ordinaires, cette zone centrale occupe presque tout le champ, la divergence étant très peu différente du centre au bord du miroir. Mais, pour les projecteurs à très faible distance focale, la zone centrale serait naturellement plus restreinte, tout en restant plus grande que dans les projecteurs paraboliques.

Éclairement moyen du champ. — Plus encore que pour les projecteurs paraboliques, la notion de l'éclairement moyen du champ éclairé se justifie ici, puisque la zone centrale a une étendue relative plus grande. Pour les projecteurs Mangin dont la distance focale est égale ou supérieure aux 7/10 du diamètre du miroir, la zone centrale occupe la presque totalité du champ et l'éclairement moyen du champ est aussi l'éclairement de la zone centrale. L'éclairement moyen du champ total se calcule aisément comme pour les miroirs paraboliques; il suffit que l'on connaisse l'angle d'ouverture du miroir. C'est ainsi qu'un projecteur de 0,90 mètre de diamètre et de 0,62 mètre de distance focale a un angle d'ouverture de 89 degrés environ.

En supposant au foyer une lampe identique à celle qui nous a servi pour le calcul des éclairements donnés par les miroirs paraboliques (*fig.* 73), nous trouvons, pour le flux de lumière Φ_2 recueilli,

$$\Phi_2 = 2\,\pi \times 4756 \text{ lumens.}$$

Or, la surface S_2 de la section du faisceau à 1000 mètres de distance est égale à la surface correspondante S pour le miroir parabolique de 0,42 mètre de distance focale, qui nous a servi d'exemple, multipliée par le carré de l'inverse des distances focales. On a donc :

$$S_2 = S \times \left(\frac{42}{62}\right)^2,$$

ou

$$S_2 = \frac{\pi}{4} \times 1{,}218 \times \left(\frac{21}{31}\right)^2 = \frac{\pi}{4} \times 558 \text{ mètres carrés.}$$

On en déduit, pour l'éclairement moyen E_2,

$$E_2 = \frac{8 \times 4756}{558} = 68{,}1 \text{ lux.}$$

Un projecteur de 0,90 mètre de diamètre et 0,453 mètre de distance focale a un angle d'ouverture de 120 degrés environ.

Le calcul du flux Φ_3 recueilli par le projecteur donne :

$$\Phi_3 = 2\pi \times 8756 \text{ lumens.}$$

A 1000 mètres on a, pour la section S_3 du faisceau :

$$S_3 = S \times \left(\frac{42}{45,3}\right)^2,$$

ou

$$S_3 = \frac{\pi}{4} \times 1218 \times \left(\frac{42}{45,3}\right)^2 = \frac{\pi}{4} \times 1037 \text{ mètres carrés.}$$

On en déduit, pour l'éclairement moyen E_3 :

$$E_3 = \frac{8 \times 8756}{1037} = 67,5 \text{ lux.}$$

Si l'on compare entre eux ces deux projecteurs Mangin, tous deux de 0,90 mètre de diamètre, mais ayant des distances focales respectives de 0,62 mètre et de 0,453 mètre, on voit que les éclairements moyens étant à peu près égaux, le champ éclairé par le projecteur de 0,453 mètre de distance focale a une surface presque double; ce projecteur est, sans hésitation, supérieur au premier; c'est donc, avec raison, que la distance focale a été réduite pour les projecteurs Mangin. Mais on verrait, comme pour les miroirs paraboliques, qu'en accentuant davantage la réduction de la distance focale on trouverait des éclairements moyens notablement moins grands.

A titre de renseignements, nous donnons les éclairements moyens, à 1000 mètres, pour des projecteurs Mangin de divers diamètres et des lampes à arc horizontales.

Diamètre du projecteur, en mètres.	0,40	0,60	0,75	0,90	1,10	1,50
Distance focale, en mètres	0,19	0,318	0,378	0,453	0,554	0,756
Éclairement moyen à 1000 mètres, en lux	13,4	29,3	46	67,5	99	184

Lorsqu'il s'agit des projecteurs Mangin, il y a lieu de tenir compte de l'absorption de la lumière par la face argentée du miroir, de l'absorption par les réfracteurs et par le verre traversé. Ces diverses causes entraînent des pertes de 25 p. 100 environ. Tous les éclairements calculés doivent donc être d'abord réduits de 25 p. 100. Ensuite, bien entendu, l'absorption atmosphérique réduira les éclairements plus ou moins suivant l'état du temps.

III. — Comparaison des projecteurs Mangin et des projecteurs paraboliques.

1° *Éclairement des objets.* — On a vu qu'une réduction de la distance focale augmente la divergence du faisceau réfléchi et, par suite, le diamètre du champ éclairé ; nous avons vu aussi que l'éclairement de ce champ varie avec la distance focale ; par conséquent, la comparaison des deux genres de projecteurs ne doit être faite qu'en supposant des distances focales identiques, c'est-à-dire des champs éclairés de mêmes dimensions. Nous avons dit, d'ailleurs, que les projecteurs Mangin, aussi bien que les miroirs paraboliques, peuvent être construits avec des distances focales très diverses, et qu'on a réalisé des distances focales égales, environ, à la moitié du diamètre.

Or, à égalité de distance focale, en raison de sa forme même, le projecteur Mangin recueille un flux de lumière plus grand que le miroir parabolique. Ainsi, le projecteur Mangin, de 0,90 mètre et de 0.62 mètre de distance focale, a un angle d'ouverture de 89 degrés ; le projecteur parabolique, de même diamètre et de même distance focale, n'a qu'un angle d'ouverture de 80 degrés. Le projecteur Mangin, de 0,90 mètre de diamètre et de 0,453 mètre de distance focale, a une ouverture de 120 degrés, tandis que le projecteur parabolique, de même diamètre et de distance focale égale à 0,42 mètre, n'a encore que 114 degrés d'ouverture.

C'est là pour le projecteur Mangin une supériorité absolue, puisque, *pour le même champ éclairé,* il donne un éclairement moyen plus grand.

C'est ainsi que le projecteur parabolique, de 0,90 mètre de diamètre et de 0,62 mètre de distance focale, donnant à 1000 mètres un éclairement moyen de 51,8 lux, le projecteur Mangin, de même distance focale, donne un éclairement de 68,1 lux.

Il y a lieu, il est vrai, de tenir compte des pertes, qui sont pour le projecteur Mangin de 7 à 10 p. 100 supérieures à celles du projecjecteur parabolique, de sorte que la comparaison doit s'établir entre les éclairements corrigés :

$$51,8 \times 0,85 = 43.6 \text{ lux, pour le projecteur parabolique,}$$

$$68,1 \times 0,75 = 51,1 \text{ lux, pour le projecteur Mangin.}$$

D'ailleurs, nous avons vu que l'éclairement de la zone centrale, pour le projecteur parabolique de 0,62 mètre de distance focale, n'est encore que 57 lux, ou 46,7 lux après correction.

De quelque côté qu'on envisage la question, le projecteur parabolique de 0,62 de distance focale reste donc inférieur au projecteur Mangin correspondant.

Si l'on compare deux projecteurs Mangin et parabolique de distance focale plus faible que 0,62 mètre, on obtient encore, à coup sûr, un éclairement total moyen moindre pour le parabolique, mais la zone centrale du faisceau de ce dernier est plus éclairée que la zone centrale du projecteur Mangin, de sorte que la supériorité n'est plus aussi évidente pour celui-ci; ainsi que nous l'avons expliqué, à grande distance et par suite de l'absorption atmosphérique, la zone centrale et une partie seulement du champ éclairé qui l'environne restent seules visibles pour l'observateur.

Si l'on songe, d'ailleurs, que, dans la pratique, l'œil ne peut apprécier sûrement des différences d'éclairement inférieures à 15 p. 100, on comprend que les expériences de comparaison, faites à Toulon en 1894, entre les deux systèmes de projecteur, n'aient pu mettre en évidence une supériorité marquée de l'un sur l'autre.

2° *Poids.* — Le poids d'un projecteur parabolique, de 0,60 mètre de diamètre, est de 6 kilogrammes, tandis que le projecteur Mangin, de même diamètre, pèse 20 kilogrammes. Il y a là un avantage, cette fois, en faveur du projecteur parabolique; mais il y a lieu de mettre en opposition la fragilité plus grande des projecteurs paraboliques en verre mince.

§ 3. — Projecteurs à commande électrique.

Généralités. — L'expérience a permis de reconnaître que la personne placée près d'un projecteur est éblouie par le faisceau lui-même ou par les reflets lumineux renvoyés par les diverses parties de ce projecteur, et se trouve, en tout cas, dans de très mauvaises conditions pour diriger le faisceau.

Il est de règle que cette personne ne fait que suivre les indications qui lui sont données par l'officier qui dirige la surveillance extérieure. On a jugé plus pratique de donner à cet officier les moyens de diriger lui-même le faisceau, plus spécialement celui des projecteurs de hune ou de sabord qui sont à quelque distance de lui; on évite ainsi tous les inconvénients d'une transmission d'ordres, soit par porte-voix, soit par téléphone.

I. — Projecteur à commande électrique Sautter et Harlé.

Le projecteur à commande électrique Sautter et Harlé a été décrit dans le *Cours d'Électricité* (*Moteurs électriques*).

II. — Projecteur à commande électrique, système Bréguet.

L'appareil se compose, comme le précédent, d'un *projecteur* proprement dit, renfermant dans son socle les divers organes nécessaires pour produire les mouvements d'orientation et d'inclinaison, d'un *poste de commande* et d'un câble à sept conducteurs, reliant le poste de commande au projecteur.

Projecteur. — La disposition du projecteur a été décrite dans le *Cours d'Électricité* (*Moteurs électriques*).

Câble à sept conducteurs. — Le câble à sept conducteurs relie le poste de commande au projecteur, à l'aide de deux conjoncteurs en deux parties. Une de ces parties est attenante au câble et se compose de sept petits contacts, auxquels sont reliées les extrémités des sept fils du câble, numérotées de 1 à 7. L'autre partie de chacun des deux conjoncteurs est fixée, soit sur le poste de commande, soit sur le socle du projecteur; elle porte également sept petits contacts à ressort, numérotés de 1 à 7, et qu'on met en relation avec les contacts formant la partie des conjoncteurs attenant au câble.

Postes de commande. — Le poste de commande, employé par la maison Bréguet, a reçu successivement trois formes différentes :

1° *Poste de commande, ancien modèle*. — Extérieurement, il a la forme d'une boîte rectangulaire, portant sur la face supérieure six boutons de manœuvre.

L'appareil comprend, en outre, dans l'intérieur, treize touches mobiles, un interrupteur et des résistances convenablement reliées aux touches.

Le principe du fonctionnement est le suivant :

Au moment où on se dispose à envoyer du courant dans les moteurs, par la fermeture de l'interrupteur du poste, le courant passe directement dans les inducteurs, tandis qu'il passe dans les induits, par l'intermédiaire de résistances suffisantes pour éviter tout démarrage.

Aussitôt qu'on mettra une partie plus ou moins grande de ces résistances en court-circuit, les moteurs tourneront plus ou moins vite.

L'appareil comprend à cet effet : un interrupteur à cheville; dès que la cheville *s* est en place, l'appareil est prêt à fonctionner; deux bornes *t* et *t'* font la jonction avec la source. Six boutons de manœuvre portant les désignations : haut, bas, gauche vite, gauche lentement, droite vite, droite lentement, qu'il suffit d'abaisser pour faire produire le mouvement correspondant au faisceau lumineux.

La figure 78 montre schématiquement les treize leviers *a, b, c, d, e, f, g, h, i, j, k, l, m,* dont une extrémité est montée librement sur une articulation. A l'autre extrémité des leviers, est fixée une vis à contact, et une attache du ressort à boudin o1, o2, o3..., o13, tandis que l'autre attache du ressort à boudin est vissée dans le dessus de la boîte et sert en même temps d'attache pour les fils.

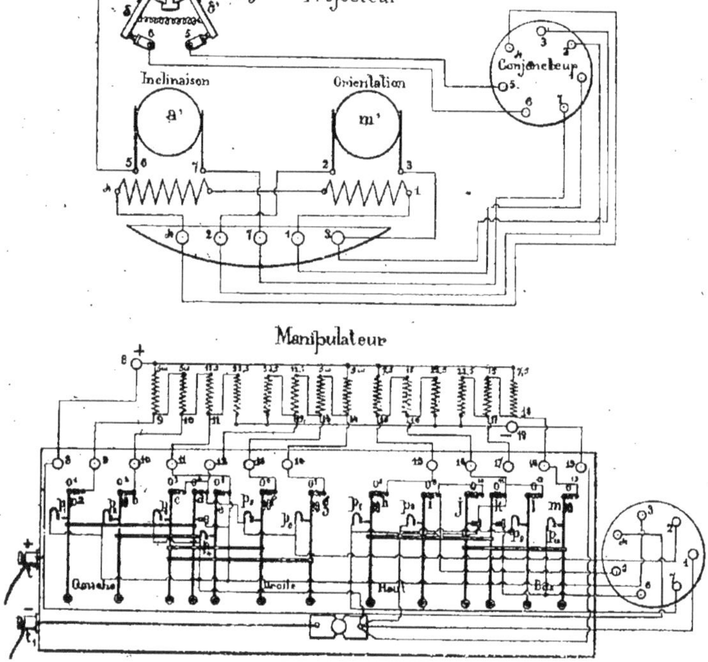

Fig. 78. — Schéma des connexions dans la commande électrique des projecteurs (système *Bréguet*, premier modèle).

Au-dessous des vis à contact des leviers, sont disposés des ressorts plats à contact $p_1, p_2, p_3 \ldots p_{10}$. Les vis qui fixent ces ressorts servent d'attache aux conducteurs. On voit que les leviers *d, j, k* ont pour but de mettre les induits en court-circuit. Le levier *d* mettra l'induit de l'orientation en court-circuit, et les leviers j et k, l'induit du mouvement d'inclinaison en court-circuit, suivant que le courant passera dans les fils 5 ou 6, c'est-à-dire suivant le sens de l'inclinaison qu'on veut donner, car le court-circuit de l'induit d'inclinaison doit pouvoir s'établir malgré l'interruption du courant dans le fil 6 par l'interrupteur automatique.

Au moment de la mise en marche, il faut commencer par rompre le court-circuit d'un induit, puis établir un court-circuit dans une partie des résistances. Dans ce but, les leviers a, b, f, g, et h, m sont pourvus de doigts qui appuient en même temps sur les leviers c, d, ou e, d, et i, j, k, ou l, j, k.

Il est maintenant aisé de suivre le fonctionnement de l'appareil sur le schéma (*fig.* 78).

Appuyons, par exemple, sur le bouton a (les boutons, les leviers et les ressorts plats sont représentés couchés) *gauche vite*.

Avant que le contact soit produit sur le ressort p_1 ; le doigt fixé au levier a entraînera le levier d et rompra le court-circuit. Le courant de la source pourra, dès lors, passer dans l'induit d'orientation, en suivant le chemin : +, 8, 8, résistance de 5 ohms, 9, 9, o_1, p_1, p_2, 3, 3, 2, 2, p_5, o_4, 12, 12, résistance de 22,5 ohms, 19, s et —.

Cependant, le mouvement ne s'effectuera pas, à cause de la résistance de 22,5 ohms.

Mais, aussitôt après la rupture du court-circuit en d, le levier c, entraîné aussi par le mouvement de a, viendra rencontrer le ressort p_3, ce qui aura pour effet de mettre en court-circuit la résistance 22,5 ohms; l'induit se mettra donc en marche.

En appuyant sur le bouton b, on vérifiera aisément que l'on produit les mêmes phénomènes, à cela près, qu'au lieu, finalement, de passer par la résistance de 5 ohms, le courant passera par deux fois 5 ohms, d'où allure lente.

En appuyant sur les boutons g et f on reproduit les mêmes phases, mais on envoie un courant de sens inverse dans l'induit d'orientation.

Enfin, grâce aux boutons h et m, on met à volonté en marche le moteur d'inclinaison, et à volonté, dans un sens ou dans l'autre (*fig.* 78).

Au repos, quand h et m ne sont pas pressés, l'induit a' est en court-circuit (*fig.* 78), le balai 7 étant relié à j, le balai 5,6 étant relié par 5 à j, par 6 à k, ou par les deux fils à j et k, qui sont eux-mêmes réunis par o_{11}.

Pressons h. — Le court-circuit de l'induit est rompu en j et k. Le courant passe par +8, résistance de 7.5 ohms, 15, o_8, p_7, 7, balai 7, induit. Si le contact n'existe pas entre δ' et 5, le courant ne peut revenir par le fil 5. Il peut revenir par le fil 6, mais il rencontre alors la résistance de 22,5 ohms entre 17 et 19, le projecteur ne peut s'élever. Pour qu'il s'élève, il faut qu'il y ait contact entre δ' et 5, le courant ne trouve tout d'abord aucune issue, mais, dès que le contact p_8 est établi, il peut aller rejoindre le pôle — en passant par 5, o_9, i, p_8 et s.

Dès que le contact est interrompu entre δ' et 5, le projecteur s'arrête sans qu'il y ait court-circuit de l'induit.

Le court-circuit de l'induit n'existe que si l'on abandonne le bouton h.

Pressons m. — Le court-circuit de l'induit est rompu entre j et k, Le courant passe par 8, résistance de 7,5 ohms, 18, o_{13}, p_{10}, 6, il ne continue à passer que si le contact existe entre 6 et δ, c'est-à-dire s'il n'a pas atteint son inclinaison limite vers le bas. Si δ touche 6, le courant continue par 5 et 6, a', 7, vis j, 16, résistance de 22,5 ohms, 19, s, et il est trop faible pour faire tourner l'induit, mais, dès que le contact p_9 est établi, le courant revient par 7, j, k, o_{12}, p_9, s et —.

Dès que le contact est interrompu en δ et 6, le projecteur s'arrête sans qu'il y ait court-circuit de l'induit.

Le court-circuit de l'induit n'existe que si l'on abandonne le bouton m.

Rien ne s'oppose évidemment à la mise en marche simultanée des deux moteurs. Il suffit pour cela d'appuyer, à la fois, sur l'un des boutons h ou m et sur l'un quelconque des quatre autres.

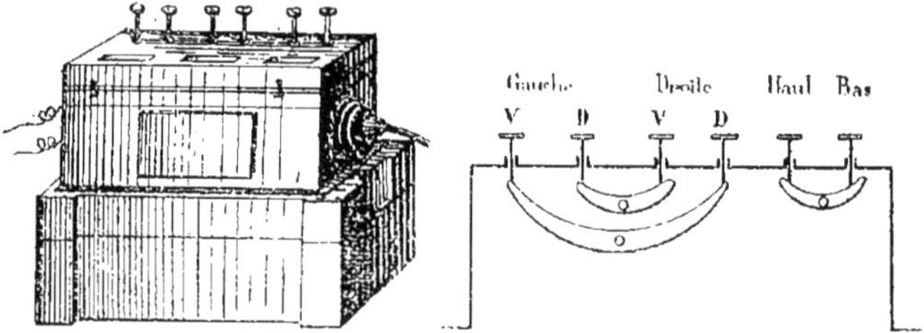

Fig. 79. — Manipulateur (système *Bréguet*, premier modèle).

Fig. 80. — Liaison des touches du manipulateur.

La figure 79 montre une vue extérieure du poste de commande.

Ne jamais appuyer sur deux boutons de sens contraire du même moteur pour éviter un court-circuit sans résistance, qui brûlerait tout.

Dans ce but les leviers de sens contraire sont reliés par un levier double de manière que si l'un s'abaisse l'autre monte (*fig. 80*).

Disposition des prises de courant de la lampe. — Au lieu d'utiliser, comme dans les projecteurs Sautter, des tiges à piston appuyées par des ressorts sur des cercles concentriques horizontaux, la maison Bréguet emploie deux tiges porte-balais qui frottent sur deux cercles concentriques superposés (et isolés) mais verticaux.

2° *Nouveau manipulateur pour la commande électrique des projecteurs, système Bréguet.* — Le nouveau manipulateur pour la commande électrique des projecteurs, système Bréguet, diffère extérieurement de l'ancien d'abord par la manière dont on le manœuvre. Au lieu d'appuyer avec le doigt sur un des six boutons à ressorts portés par le dessus de la boîte renfermant les organes du manipulateur, on déplace deux manettes de manœuvre mobiles dans un plan horizontal. L'une des manettes commande les mouvements d'orientation du projecteur, l'autre les mouvements d'inclinaison.

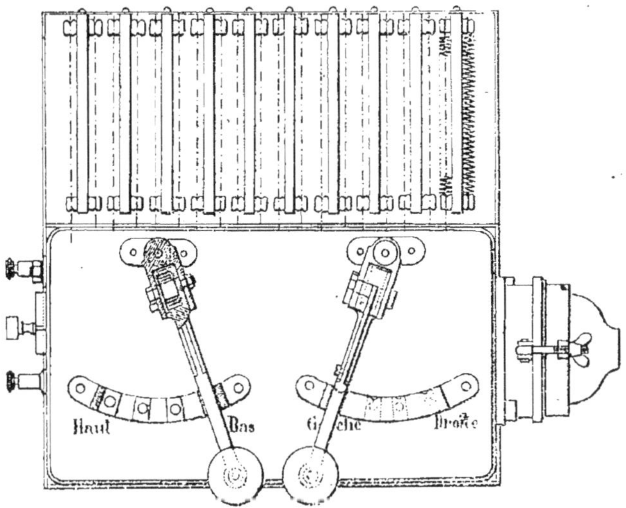

Fig. 81. — Forme extérieure du manipulateur (système *Bréguet*, deuxième modèle).

En second lieu, alors que dans le premier modèle les mouvements d'orientation seuls étaient susceptibles de prendre deux vitesses, grande et petite, avec le nouveau modèle on peut pareillement donner aux mouvements d'inclinaison une grande et une petite vitesse. Le déplacement d'une des manettes de manœuvre du côté d'une des indications détermine le mouvement correspondant du projecteur et cela avec une vitesse petite ou grande, suivant que ce déplacement a été faible ou qu'on a porté le levier à bout de course.

La figure 81 montre, d'ailleurs, la vue en plan d'un manipulateur.

D'autre part, la figure 82 donne le schéma des communications internes du manipulateur et le raccordement des conducteurs avec les moteurs des mouvements du projecteur.

Intérieurement, comme extérieurement, l'appareil est divisé en deux parties, dont l'une commande le mouvement d'orientation et l'autre le mouvement d'inclinaison. Chacune de ces deux est composée d'une résistance de 40 ohms et de 6 leviers *a*, *b*, *c*, *d*, *e*, *f* pour l'orientation et *g*, *h*, *i*, *k*, *l*, *m* pour l'inclinaison. Ces leviers sont ramenés dans une position fixe par des ressorts à boudin, certains leviers peuvent recevoir un mouvement vertical sous l'influence d'une pesée faite sur leur extrémité supérieure, cette pesée s'effectue à l'aide des manettes de manœuvre. Ce sont les leviers *a*, *b*, *e*, *f* pour l'orientation, *g*, *h*, *l*, *m* pour l'inclinaison, qui peuvent être directement influencés par les manettes de manœuvre suivant les quatre positions données à l'une de celles-ci.

Dans la figure 82, les leviers ont été supposés mobiles autour d'un axe horizontal passant par leur extrémité et pouvoir recevoir un mouvement de droite à gauche, un ressort tendant à les ramener toujours vers la droite quand on n'appuie pas sur leur extrémité libre. Des boutons sont figurés sur les leviers *a*, *b*, *e*, *f*, *g*, *h*, *l*, *m*, qui peuvent être commandés par les manettes de manœuvre.

Quand on appuie sur ces boutons au moyen des manettes, on commande aussi indirectement d'autres leviers, grâce à certaines liaisons mécaniques des leviers entre eux, ainsi du reste qu'il est indiqué sur la figure 82.

Les mouvements des leviers vers la gauche établissent des contacts, sauf pour les leviers *d* et *k*, pour lesquels les contacts existants sont rompus.

Le mouvement vers la gauche des leviers *c* ou *i* rompt un contact existant, en même temps qu'il en établit un autre.

Ceci posé, voici comment le fonctionnement s'opère.

Les fils amenant le courant à l'appareil sont supposés attachés aux deux bornes désignées par + et —, sur le schéma; aussitôt que l'on ferme le circuit au moyen de la cheville placée entre les deux bornes, le courant passera :

1° Dans l'excitation;

2° A travers les résistances.

En ce moment, les leviers *d* et *k* maintiennent le court-circuit sur chacun des deux induits fermés et les empêchent ainsi de se mouvoir.

Pour faire tourner l'un ou l'autre des deux induits ou les deux ensemble, il suffit d'appuyer sur les leviers *a* ou *b*, *e* ou *f*, *g* ou *h*, *l* ou *m*.

En effet, en appuyant sur le levier *a*, on entraîne également les leviers *c* et *d*.

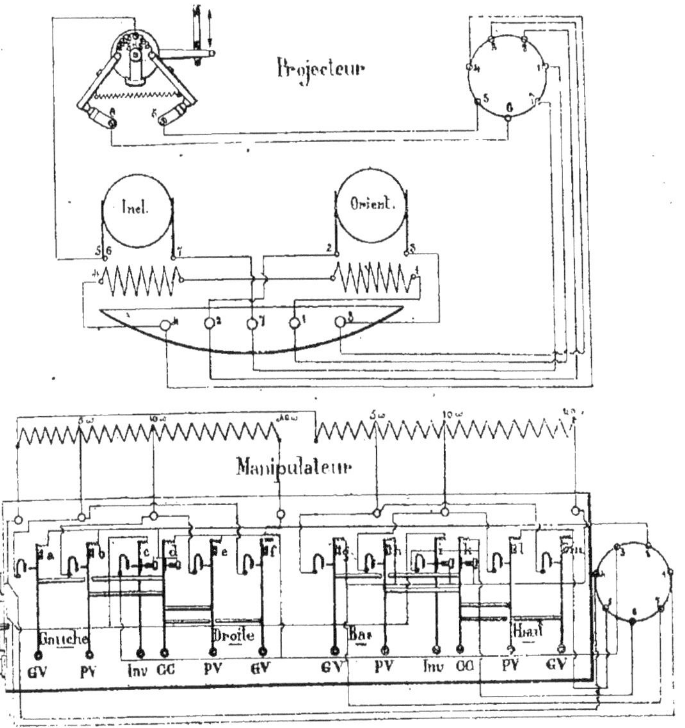

Fig. 82. — Schéma des connexions dans la commande électrique des projecteurs (système *Bréguet*, deuxième modèle).

Le résultat obtenu dans cette opération est celui-ci : par *a*; nous mettons 35 ohms sur 40 en court-circuit, par *c* qui fait fonction d'inverseur nous envoyons le courant dans le sens voulu dans l'induit et par *d*, nous coupons le court-circuit de celui-ci, le moteur se mettra immédiatement en marche.

Mais, aussitôt qu'on lâche *d*, les leviers *a*, *c*, *d* occupent les positions décrites plus haut et le moteur s'arrête instantanément.

La même chose se passe en appuyant sur *b*, seulement nous ne mettons que 20 ohms sur 40 de la résistance en court-circuit, le moteur tournera pour cette raison plus lentement.

Maintenant appuyons sur *f*; nous appuyons en même temps sur *d*, *c* reste immobile, le courant passera dans le sens contraire au premier dans l'induit et changera le sens de rotation de celui-ci. Le même résultat sera obtenu en appuyant sur *e*, mais le moteur tournera plus lentement.

Les mouvements d'inclinaison s'obtiennent par des mouvements exactement semblables.

3° *Dernier poste de commande, système Bréguet.* — Le dernier modèle de poste de commande, système Bréguet, a été décrit dans le *Cours d'Électricité* (*Moteurs électriques*).

III. — Projecteur de 1,50 mètre commandé à distance, système Sautter et Harlé.

Le projecteur muni de ses appareils de commande à distance est formé de trois parties distinctes :

1° Le projecteur avec son mécanisme intérieur produisant les deux mouvements d'inclinaison et les deux mouvements d'orientation;

2° Le poste de commande à distance;

3° Le câble à sept conducteurs reliant le poste de commande au projecteur.

Projecteur. — Le projecteur comprend les mêmes organes que celui de 0,60 mètre que nous avons précédemment décrit, de la même maison.

Poste de commande à distance et commutateur à relais. — Le poste de commande se compose d'une caisse cylindrique, renfermant les commutateurs d'orientation et d'inclinaison, portée par une colonne creuse pour le passage du câble à sept conducteurs. Ce poste de commande se distingue de celui décrit par l'emploi des relais.

Chacun des deux commutateurs (*fig. 83*) se compose d'un cercle en cuivre divisé en plusieurs segments. Un cylindre creux C, contenant un ressort en spirale, peut tourner sur son axe à l'intérieur du cercle; il porte les pièces de cuivre A, B, D avec des contacts en argent, dont il

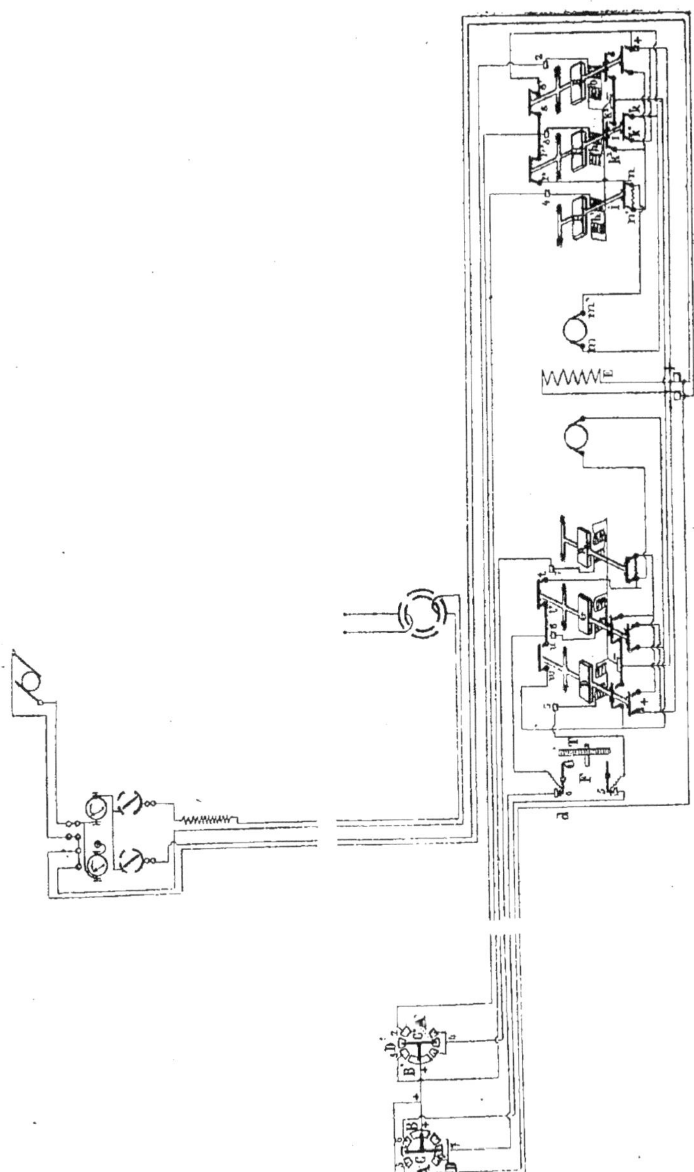

Fig. 83. — Schéma des connexions dans la commande électrique des projecteurs, par relais (système *Sautter et Harlé*).

est isolé, et qui permettent de mettre en communication trois segments de cercles 3, + et 4, par exemple. Le ressort en spirale sert à ramener le cylindre D dans sa position de repos quand on abandonne la poignée de manœuvre qui le surmonte.

Les connexions, entre les bornes du manipulateur et les différents segments, sont faites comme l'indique le schéma. Supposons les cylindres C et C′ dans la position de repos, c'est-à-dire ramenés par les ressorts à leur position moyenne, le courant de la dynamo, amené aux bornes positive et négative du moteur, excite l'électro-inducteur E.

Si l'on agit sur la poignée qui détermine le mouvement d'orientation de manière à ce que son axe ait la direction 3 et +, le courant qui est pris sur la borne + du moteur suit la voie : borne + et borne 3 du manipulateur, borne 3 du commutateur rapide à relais H, excite l'électro h, passe par la borne — commune aux mouvements d'orientation et par la borne — de la source. L'armature du relais H est attirée et le levier i met en contact les quatre points k, k^1, k^2, k^3. Le courant passe par la borne + commune aux mouvements d'orientation, par k^1 k, le balai m, l'induit, le balai m', la borne n, la résistance entre les points n et n', les contacts k^2, k^3 et la borne — commune au mouvement d'orientation.

L'induit tourne à petite vitesse. Si l'on veut marcher à grande vitesse, on continue à tourner la poignée du manipulateur de façon à amener les contacts A D B en regard des bornes 4, 3 et +. Le courant continue à passer par le même chemin que ci-dessus, de plus il passe par la borne 4 du manipulateur et par la borne 4 du commutateur rapide à relais R, excite l'électro h' et retourne par la borne — commune au mouvement d'orientation. L'armature du relais R est attirée et le levier i' met en contact les deux points n et n' et supprime la résistance qui se trouve entre les points n et n'. L'induit tourne à grande vitesse. Si on abandonne la poignée de manœuvre, le courant est coupé et l'induit est mis en court-circuit. En effet, le courant ne passant plus dans les relais H et R, les armatures et les leviers sont ramenés en sens inverse par un ressort antagoniste. Le levier i met en contact les deux points $r r'$ et ferme le court-circuit de l'induit par m', n, r, r', s, s' et m.

Le mouvement de rotation du projecteur en sens inverse se fait de la même façon, en inclinant la poignée de manœuvre dans la direction 2 et +; c'est le relais B qui fonctionne, et le courant passe en sens inverse dans l'induit.

Si l'on désire obtenir des mouvements du faisceau de très petite amplitude, on donnera à la poignée des secousses légères et répétées, de manière à amener à chaque coup la touche D en contact avec les segments 3 et 2, suivant le sens du déplacement qu'on voudra obtenir. Il s'ensuivra des déplacements angulaires du faisceau très faibles, très souvent répétés, qui équivalent à un déplacement continu très lent. Le projecteur ne pouvant sans inconvénient s'incliner outre mesure, un interrupteur est destiné à limiter l'inclinaison du faisceau à 15 degrés en dessous et 15 degrés en dessus de l'horizontale. Il agit en coupant le courant de l'électro, du relais D ou G, au moment où l'inclinaison maximum est atteinte; le levier des relais D ou G met en contact les *tt'* ou *uu'* et l'induit est mis en court-circuit.

Ce résultat est obtenu par le même mécanisme que dans le projecteur de 0,60 mètre, c'est-à-dire un doigt F qui monte ou descend le long d'une tige filetée dans l'intérieur du projecteur, suivant que le tambour du projecteur lui-même s'élève ou s'abaisse.

Câble de jonction entre le manipulateur et le projecteur. — Le manipulateur et le projecteur sont reliés par un câble à sept conducteurs, repérés à leurs extrémités et qui se fixent dans les bornes des deux appareils par l'intermédiaire d'un conjoncteur, Le câble à sept conducteurs est uniquement réservé à la commande à distance; les câbles pour la lampe et les moteurs doivent être installés à part comme pour un projecteur ordinaire.

TABLE DES MATIÈRES.

TITRE PREMIER.

DYNAMOS ÉLECTRIQUES NOUVELLES.

§ 1er. — *Nouvelles machines électriques à électro-aimants inducteurs supplémentaires, redresseurs du champ.*

TITRE II.

DISTRIBUTION DU COURANT ÉLECTRIQUE À BORD DES NAVIRES DE GUERRE.

1er. — *La distribution se fait sans couplage des dynamos, soit en tension, soit en quantité.*

II. Latouche-Tréville.

V. Lampe mixte horizontale Sautter et Harlé modifiée.

VI. Lampe mixte inclinée Sautter et Harlé pour projecteurs de 1 m. 50.

§ 2. — *Projecteurs.*

I. Projecteurs paraboliques.

II. Projecteur Mangin.

III. Comparaison des projecteurs Mangin et des projecteurs paraboliques.

§ 3. — *Projecteur à commande électrique.*

I. Projecteur à commande électrique Sautter et Harlé.

II. Projecteur à commande électrique Bréguet.

III. Projecteur de 1 m. 50, commande à distance, système Sautter et Harlé.

www.ingramcontent.com/pod-product-compliance
Ingram Content Group UK Ltd.
Pitfield, Milton Keynes, MK11 3LW, UK
UKHW021124220726
13924UKWH00004B/1902

9 782019 936396